CHEMINS DE FER DE L'OUEST.

SERVICE DE L'ENTRETIEN ET DE LA SURVEILLANCE.

LIGNE DE PARIS A RENNES.

PARTIE COMPRISE ENTRE LE MANS ET RENNES.

SÉRIE DES PRIX

DES

TRAVAUX D'AMÉNAGEMENTS NOUVEAUX A EXÉCUTER DANS LES GARES.

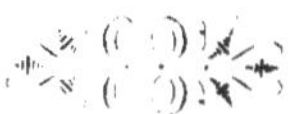

SAINT-NICOLAS,
près Nancy,
IMPRIMERIE DE PROSPER TRENEL.
1861.

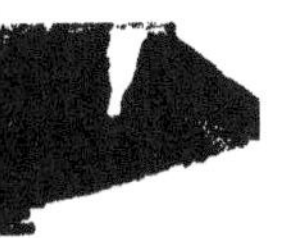

CHEMINS DE FER DE L'OUEST.

SERVICE DE L'ENTRETIEN ET DE LA SURVEILLANCE.

LIGNE DE PARIS A RENNES.

PARTIE COMPRISE ENTRE LE MANS ET RENNES.

SÉRIE DES PRIX

DES

TRAVAUX D'AMÉNAGEMENTS NOUVEAUX A EXÉCUTER DANS LES GARES.

SAINT-NICOLAS,
près Nancy.
IMPRIMERIE DE PROSPER TRENEL.
1861.

V

TABLE.

SUITE DE LA TABLE.

CHEMINS DE FER DE L'OUEST.

SERVICE DE L'ENTRETIEN ET DE LA SURVEILLANCE.

LIGNE DE PARIS A RENNES.

PARTIE COMPRISE ENTRE LE MANS ET RENNES.

TRAVAUX D'AMÉNAGEMENTS NOUVEAUX A EXÉCUTER DANS LES GARES.

SÉRIE DES PRIX.

OBSERVATIONS. *La durée moyenne de la journée de travail est supposée être de 10 heures. Tous les prix ci-après comprennent les faux frais et le bénéfice de l'entrepreneur, ainsi que tous droits d'octroi, de navigation et autres.*

NUMÉROS des PRIX.	DÉSIGNATION DES OUVRAGES.	PRIX de L'UNITÉ.
	CHAPITRE PREMIER.	
	TERRASSEMENTS.	
	ARTICLE PREMIER. — *Prix élémentaires.*	
	JOURNÉES.	
1.	*Chef d'atelier*, trois francs cinquante centimes	3f 50
2.	*Terrassier de 2e classe* pour charger, rouler, pilonner et régaler, ou pour faire les épuisements, deux francs	2 00
3.	*Terrassier de 1re classe* pour fouiller ou piocher et pour dresser les talus, deux francs cinquante centimes	2 50
4.	*Jardinier, élagueur*, deux francs vingt-cinq centimes	2 25
5.	*Charretier* conduisant une voiture quelconque, deux francs	2 00
6.	*Marinier*, trois francs	3 00
7.	*Tombereau* ou voiture quelconque, un franc	1 00
8.	*Cheval* avec harnais, trois francs	3 00
9.	*Tombereau* ou voiture quelconque, attelé d'un cheval, y compris la journée du charretier et l'entretien du véhicule, six francs	6 00
10.	*Batelet ordinaire* muni de ses agrès, deux francs	2 00

NUMÉROS des PRIX.	DÉSIGNATION DES OUVRAGES.	PRIX de L'UNITÉ.
11.	*Fort batelet* dit *margotat* muni de ses agrès, trois francs.	3f 00
12.	*Location d'outils*, sans frais de surveillance, pour ouvriers travaillant en régie : Chaque pièce, cinq centimes, y compris entretien.	0 05
13.	*Location d'une pompe d'épuisement*, système Letestu, garnie des tuyaux nécessaires, par 24 heures, pour 0m 20 de diamètre, deux francs trente centimes.	2 30
	Nota. Les frais de transport, de déplacement, d'installation et de réparation des pompes resteront à la charge de la Compagnie, lorsque les épuisements seront faits en régie.	
	Article 2. — *Prix composés.*	
14.	*Déblai de sable* ou de *terre légère* pouvant être fait à la pelle sans l'emploi de la pioche : Le mètre cube est estimé, pour fouille seulement, vingt centimes.	0 20
15.	*Déblai de marne*, *craie*, *glaise* ou *gravier* agglutiné et en général pouvant être fait à la pioche : Le mètre cube est estimé, pour fouille seulement, trente-cinq centimes.	0 35
16.	*Déblai de marne* très-dure ou mélangée de silex, de glaise dure ou de roc tendre et en général pouvant être fait à la pioche et à la pince : Le mètre cube est estimé, pour fouille seulement, soixante-cinq centimes.	0 65
17.	*Déblai de roc* dur siliceux ou calcaire et en général exigeant l'emploi du pic, du coin, de la pince et et au besoin de la poudre : Le mètre cube est estimé, pour fouille seulement, quatre-vingt-dix centimes.	0 90
18.	*Déblai de roc* très-dur siliceux ou calcaire et en général exploitable à la poudre seulement : Le mètre cube est estimé, pour fouille seulement, deux francs.	2 00
19.	*Déblai en rigole* jusqu'à 2m 00 de largeur, pour les fondations des ouvrages d'art : Plus-value sur les prix ci-dessus, par mètre cube, quinze centimes.	0 15
20.	*Déblai de toute nature* pour les fondations des ouvrages d'art en contre-bas du niveau où se tiendraient les eaux sans épuisements, les épuisements étant à la charge de la Compagnie : Le mètre cube est estimé, pour fouille seulement, soixante centimes.	0 60
21.	*Déblai de toute nature* dragué sous l'eau jusqu'à 1m 00 de profondeur et transporté en dehors de la fouille : Le mètre cube est estimé, y compris les frais d'échafaudages, quand ils seront nécessaires, deux francs.	2 00
22.	*Déblai de toute nature* dragué sous l'eau au-dessous de 1m 00 de profondeur et transporté en dehors de la fouille : Le mètre cube est estimé, y compris les frais d'échafaudages, quand ils seront nécessaires, trois francs cinquante centimes.	3 50
23.	*Le mètre cube* de moellon provenant des déblais, mis en dépôt et employé dans la construction ou dans les empierrements, sera payé, en sus des transports, quatre-vingts centimes.	0 80
24.	*Le mètre cube* de pierre cassée provenant des déblais, mis en dépôt et employé dans les constructions ou dans les empierrements, sera payé, en plus des transports et y compris cassage à 0f 06 centimètres, un franc trente-cinq centimes.	1 35
25.	*Reprise de déblai* de toute nature déjà fouillé et mis en dépôt : Le mètre cube est estimé, pour fouille seulement, quinze centimes	0 15

NUMÉROS des PRIX.	DÉSIGNATION DES OUVRAGES.	PRIX de L'UNITÉ.
26.	*Chargement en brouette* de déblai de toute nature : Le mètre cube est estimé, quinze centimes.	0f 15
27.	*Chargement en tombereau ou en wagon* de déblai de toute nature : Le mètre cube est estimé, vingt-cinq centimes.	0 25
28.	*Jet à la pelle* de déblai de toute nature jusqu'à 4m 00 de distance horizontale, ou 2m 00 de hauteur : Le mètre cube est estimé, quinze centimes.	0 15
29.	*Régalage* au remblai ou au dépôt de déblai de toute nature, par couches de 0m 25 d'épaisseur : Le mètre cube est estimé, cinq centimes.	0 05
30.	*Pilonnage* ordinaire de remblai à l'appui des maçonneries : Le mètre cube est estimé, quinze centimes.	0 15
31.	*Pilonnage* très-soigné de remblai derrière les ouvrages d'art, les terres étant divisées, arrosées et fortement damées : Le mètre cube est estimé, quarante centimes.	0 40
32.	*Dressement* des surfaces de talus de remblai ou de déblai : Le mètre superficiel est estimé, cinq centimes.	0 05
33.	*Essartage* horizontal ou en talus : Le mètre superficiel est estimé, cinq centimes.	0 05
34.	*Dressement et ensemencement* en trèfle, luzerne ou sainfoin, des talus de remblai ou de déblai : Le mètre superficiel est estimé, pour la fourniture des graines et la main-d'œuvre, dix centimes. .	0 10
35.	*Revêtement en gazon* posé à plat, de 0m 10 d'épaisseur, y compris l'indemnité de dégazonnement au propriétaire du terrain, le piquetage, l'arrosage et l'entretien jusqu'à réception, mais non compris le transport qui sera payé à part aux prix des numéros 38 et 39 : Le mètre superficiel est estimé, trente-cinq centimes.	0 35
36.	*Revêtement en gazon* posé par assises normalement au plan du talus, y compris l'indemnité de dégazonnement au propriétaire du terrain, le piquetage, l'arrosage et l'entretien jusqu'à réception, mais non compris le transport qui sera payé à part au prix des numéros 38 et 39 : Le mètre superficiel est estimé, soixante-dix centimes.	0 70
	Nota. Lorsque la Compagnie fournira le terrain pour le levage du gazon, les prix ci-dessus seront diminués de vingt-cinq centimes.	0 25
37.	*Revêtement en terre végétale* par couche de 0m 20 d'épaisseur appliquée sur les talus de remblai ou de déblai, y compris le règlement du talus : Le mètre superficiel est estimé, pour la fourniture de la terre et la main-d'œuvre, mais non compris le transport qui sera payé aux prix des n° 38 et 39, quarante centimes.	0 40
	Nota. Lorsque la Compagnie fournira le terrain où l'on prendra la terre végétale, le prix ci-dessus sera diminué de dix centimes. . . . . , ...	0 10
38.	*Transport à la brouette* de déblai de toute nature : Le mètre cube est estimé, par chaque distance de 10m 00 en plaine ou de 7m 00 en rampe atteignant au moins 0m 05 par mètre, cinq centimes	0 05
39.	*Transport au tombereau* de déblai de toute nature, soit en plaine, soit en rampe : Le mètre cube est estimé, savoir :	

NUMÉROS des PRIX.	DÉSIGNATION DES OUVRAGES.	PRIX de L'UNITÉ.
	Pour la 1re distance de 100^m^ 00 et y compris le prix du temps employé au chargement et au déchargement, quarante centimes	0^f^ 40
	Pour chaque distance de 100^m^ 00 en plus, dix centimes	0 10
40.	*Transport au wagon par chevaux* de déblai de toute nature, en palier ou en rampe sur voies provisoires ou sur voies définitives, y compris le loyer, l'entretien et le graissage des wagons, l'entretien et le ripage des voies :	
	Le mètre cube est estimé, savoir :	
	Pour la 1re distance de mille mètre, et y compris le prix du temps employé à la charge, à la décharge et aux manœuvres, quatre-vingt-dix centimes.	0 90
	Pour chaque distance de mille mètres en plus, cinq centimes.	0 05
41.	*Transport* en lories fournies par l'administration, pour main-d'œuvre de toute nature :	
	Le mètre cube est estimé, par cent mètres de parcours sur les voies, y compris déchargement, trente-cinq centimes	0 35
	Pour retour à vide sur la même voie, quinze centimes.	0 15
42.	*Emmétrage* des matériaux provenant des déblais de calcaire, compris charge et roulage à 30 mètres :	
	Le mètre cube est estimé, trente-cinq centimes.	0 35

CHAPITRE II.

MAÇONNERIES.

ARTICLE PREMIER. — *Prix élémentaires.*

§ 1er. JOURNÉES.

43.	*Chef d'atelier* ou *appareilleur*, trois francs cinquante centimes	3 50
44.	*Manœuvre servant les maçons*, un franc soixante-quinze centimes.	1 75
45.	*Bardeur*, deux francs trente centimes.	2 30
46.	*Maçon à plâtre ou à mortier*, *contreposeur*, *ficheur*, *pinceur*, *carrier*, deux francs cinquante centimes.	2 50
47.	*Poseur de pierre de taille*, trois francs.	3 00
48.	*Scieur de pierre*, *tailleur de moellon*, deux francs soixante-quinze centimes.	2 75
49.	*Tailleur de granit ou de pierre de taille*, compris frais d'outils, quatre francs cinquante centimes. .	4 50
50.	*Tailleur de pierre* pour ravalements et moulures, compris frais d'outils, trois francs.	3 00
51.	*Carreleur*, deux francs cinquante centimes.	2 50
52.	*Aide-carreleur*, deux francs.	2 00

NUMÉROS des PRIX.	DÉSIGNATION DES OUVRAGES.	PRIX de L'UNITÉ.
	§ 2. MATÉRIAUX ET FOURNITURES RENDUS A PIED-D'ŒUVRE.	
53.	*Bardeau en châtaignier* de 0^{m} 32 de longueur sur 0^{m} 04 de largeur et 0^{m} 007 d'épaisseur :	
	Le cent de bardeaux est estimé, quarante centimes	0^{f} 40
54.	*Bardeau en chêne* de 0^{m} 32 de longueur sur 0^{m} 04 de largeur et 0^{m} 007 d'épaisseur :	
	Le cent de bardeaux est estimé, quarante-cinq centimes	0 45
55.	*Latte en châtaignier* de 1^{m} 03 de longueur sur 0^{m} 03 de largeur et 0^{m} 005 d'épaisseur :	
	Le cent de lattes est estimé, deux francs cinquante centimes	2 50
56.	*Latte en cœur de chêne* de 1^{m} 30 de longueur sur 0^{m} 03 de largeur et 0^{m} 005 d'épaisseur :	
	Le cent de lattes est estimé, deux francs quatre-vingts centimes	2 80
57.	*Clous à latte et clous d'épingle :*	
	Le kilogramme est estimé, quatre-vingt-quinze centimes	0 95
58.	*Mitre en terre cuite ou en grès :*	
	Chaque mitre est estimée, un franc vingt centimes	1 20
59.	*Mitron en terre cuite ou en grès:*	
	Chaque mitron est estimé quatre-vingt-quinze centimes	0 95
60.	*Tuyaux en terre cuite ou en grès :*	
	Le mètre linéaire est estimé, savoir :	
	De 0^{m} 24 de diamètre intérieur, un franc cinquante centimes	1 50
	De 0^{m} 22 — d° — un franc trente-cinq centimes	1 35
	De 0^{m} 19 — d° — un franc quinze centimes	1 15
	De 0^{m} 16 — d° — un franc	1 00
	De 0^{m} 135 — d° — quatre-vingt-cinq centimes	0 85
	De 0^{m} 11 — d° — soixante-dix centimes	0 70
	De 0^{m} 08 — d° — soixante centimes	0 60
	De 0^{m} 054 — d° — cinquante centimes	0 50
61.	*Sable de minière* du Mans, Coulie, le Genest, Saint-Pierre-la-Cour :	
	Le mètre cube est estimé, pour maçonnerie et pavage, trois francs cinquante centimes	3 50
62.	*Sable de minière*, passé à la claie, des minières de Sillé, Laval, Rennes :	
	Le mètre cube est estimé, pour maçonnerie et pavage, quatre francs cinquante centimes	4 50
63.	*Sable de carrière* de Vautru, Verdelle, Yzet, la Freslonnière, pour maçonnerie et pavage, cinq francs	5 00
64.	*Sable de ravine, de rivière ou de carrière*, lavé et tamisé, pour enduits, rejointoiements et pose de pierres de taille, cinq francs cinquante centimes	5 50

NUMÉROS des PRIX.	DÉSIGNATION DES OUVRAGES.	PRIX de L'UNITÉ.
65.	*Sable de mer* passé à la claie : Le mètre cube est estimé, huit francs	8f 00
66.	*Gros sable de mer* passé à la claie ou provenant des mines argentifères de Pompéan : Le mètre cube est estimé, cinq francs	5 00
67.	*Argile* des abords des gares, ou terre à mortier de murs en bauges : Le mètre cube est estimé, trois francs	3 00
68.	*Chaux grasse* vive provenant des fours de la Boissière, Evron, Saint-Bertherin, St-Pierre, Lormandière : Le mètre cube est estimé, seize francs	16 00
69.	*Chaux hydraulique* vive provenant des fours de Montsurs : Le mètre cube est estimé, seize francs	16 00
70.	*Chaux hydraulique* vive provenant des fours de Sonlitré, Pavilly, Lormandière : Le mètre cube est estimé en poudre 23f 00, en bloc 26f 00, vingt-six francs.	26 00
71.	*Plâtre en poudre* des plâtrières de Paris ou de Lagny : Le mètre cube est estimé, quarante francs.	40 00
72.	*Ciment hydraulique* de Pouilly, de la marque de Lobereau-Meurgey, ou ciment de Vassy de la marque Gariel et Garnuchot : Le kilogramme est estimé, sept centimes cinq millièmes.	0 075

DÉTAIL.

Un kilogramme de ciment rendu, envaisselé, en gare de Batignolles ou de Montparnasse.	0f 550
Bénéfice de l'entrepreneur 1/10.	0 055
Transport par le chemin de fer à la distance moyenne de 350 kilomètres à raison de 0f 04 par tonne et par kilomètre.	0 140
TOTAL.	0f 745

NOTA : Le poids des ciments Lobereau-Meurgey ou Gariel et Garnuchot est de 950k le mètre cube.

73.	*Ciment hydraulique de Portland* ou similaire au Portland, ce dernier de la marque Lobereau-Meurgey. Le kilogramme est estimé, neuf centimes.	0 09

DÉTAIL.

Un kilogramme de ciment rendu au port de Rennes et de Saint-Malo pour le ciment de Portland et en gare de Batignolles ou de Montparnasse pour le ciment de Lobereau-Meurgey.	0f 650
Bénéfice de l'entrepreneur 1/10.	0 065
Transport par chemin de fer à la distance moyenne de 374 kilomètres, à raison de 0f 04c par tonne et par kilomètre.	0 150
TOTAL.	0f 865

NOTA. Le poids de ces ciments est de 1350k le mètre cube.

NUMÉROS des PRIX.	DÉSIGNATION DES OUVRAGES.	PRIX de L'UNITÉ.
74.	*Ciment* de tuileau fin : Le mètre cube est estimé, vingt-six francs	26f 00
75.	*Ciment de tuileau* gros : Le mètre cube est estimé, dix-neuf francs	19 00
76.	*Pouzzolane* artificielle : Le mètre cube est estimé, quarante francs	40 00
77.	*Pierre cassée* à l'anneau de 0m 06, de nature provenant des carrières du Mans, Sillé, Laval, Rennes, Voutré : Le mètre cube est estimé, quatre francs	4 00
78.	*Pierre cassée* à l'anneau de 0m 06, de nature provenant des carrières des fours à chaux d'Evron, Montsurs, Saint-Pierre-la-Cour : Le mètre cube est estimé, trois francs	3 00
79.	*Pierre cassée* à l'anneau de 0m 06, de nature provenant des carrières de la Graissière, Bois-Blin et porphire de Voutré et de Montsurs : Le mètre cube est estimé, six francs	6 00
80.	*Caillou* siliceux non cassé, provenant des carrières du Mans, Sillé et Rennes, les cailloux les plus gros pouvant passer dans l'anneau de 0m 08 : Le mètre cube est estimé, trois francs cinquante centimes	3 50
81	*Galet de mer*, les galets les plus gros pouvant passer dans l'anneau de 0m 08 : Le mètre cube est estimé, neuf francs	9 00
82	*Pierre cassée* à l'anneau de 0m 06, de nature provenant des carrières de Malroche : Le mètre cube est estimé, huit francs	8 00
83	*Schiste dur cassé* à l'anneau de 0m 06, choisi dans les roches de qualité supérieure : Le mètre cube est estimé, trois francs	3 00
84	*Moellon brut* granitique provenant des carrières de granit bleu exploitées : Le mètre cube est estimé, cinq francs	5 00
85	*Moellon brut* siliceux provenant des carrières de Sargé, Coulaine, Charnie, Voutré et la Bouteillerie : Le mètre cube est estimé, cinq francs	5 00
86	*Moellon brut* calcaire provenant des carrières de Sillé, Laval, Vitré, Cahot, Pont-Réan, Malroche : Le mètre cube est estimé, quatre francs	4 00
87	*Moellon brut* calcaire provenant des carrières de fours à chaux : Le mètre cube est estimé, trois francs	3 00
88	*Bittes* ou cailloux de mer taillés : Le mètre cube est estimé	»
89	*Bittes* ou cailloux de mer bruts : Le mètre cube est estimé	»

NUMÉROS des PRIX.	DÉSIGNATION DES OUVRAGES.	PRIX de L'UNITÉ.
90.	*Silex* de fortes dimensions : Le mètre cube est estimé, quatre francs cinquante centimes	4f 50
91.	*Moellon smillé* granitique provenant des carrières de granit bleu en exploitation, smillé et échantillonné en forme de pavé travaillé sur 5 faces : Le mètre cube est estimé, trente-huit francs.	38 00
92.	*Moellon smillé* siliceux provenant des carrières de Sargé, Coulaines, Charnie, Voutré, Bois-Blin, Rachap, Pont-Réan, Malroche, smillé et échantillonné en forme de pavé travaillé sur 5 faces : Le mètre cube est estimé, y compris smillage du parement et façon des joints, vingt-six francs . .	26 00
93.	*Moellon smillé* calcaire provenant des carrières des fours à chaux voisins de la ligne, smillé et échantillonné en forme de pavé travaillé sur 5 faces : Le mètre cube est estimé, y compris smillage du parement et façon des joints, vingt francs	20 00
94.	*Moellon smillé* calcaire provenant des carrières de Bernay, Sainte-Suzanne et Voutré, smillé et échantillonné en forme de pavé travaillé sur 5 faces : Le mètre cube est estimé, vingt-huit francs	28 00
95.	*Emmétrage*, y compris charge et roulage en brouette à 30 mètres de distance : Le mètre cube est estimé, savoir :	
	1° Emmétrage de sable, quinze centimes.	0 15
	2° Emmétrage de cailloux, bittes et sable, vingt centimes	0 20
	3° Emmétrage de moellon, trente centimes.	0 30
96.	*Cassage de la pierre*, les matériaux appartenant à la Compagnie : Le mètre cube est estimé, savoir :	
	1° En pierre granitique gris, de Bois-Blin, de Malroche, porphire de Voutré, trois francs cinquante centimes	3 50
	2° En pierre siliceuse, un franc cinquante centimes	1 50
	3° En pierre calcaire, marbre, deux francs cinquante centimes	2 50
97.	*Pierre de taille* en roche granitique provenant des carrières d'Alençon, Messanger, Sacé, Cuguen et Saint-Marc-le-Blanc : Le mètre cube est estimé, soixante-cinq francs.	65 00
98.	*Pierre de taille* en roche granitique provenant des carrières ci-dessus, pour blocs exceptionnels, cubant plus de quatre-vingt-dix centièmes : Le mètre cube est estimé, quatre-vingts francs.	80 00
99.	*Pierre de taille* en roche calcaire provenant des carrières de Fresnaye, Crassonne, roche dure de Poitiers ou de Caen : Le mètre cube est estimé, soixante-cinq francs.	65 00
100.	*Pierre de taille* en roche calcaire provenant des carrières de Bernay : Le mètre cube est estimé, cinquante francs.	50 00

NUMÉROS des PRIX.	DÉSIGNATION DES OUVRAGES.	PRIX de L'UNITÉ.
101.	*Pierre de taille* en roche calcaire, pour libage, provenant des carrières de Bernay, Sainte-Suzanne, ou roche de granit : Le mètre cube est estimé, quarante-cinq francs.	45f 00
102.	*Pierre de taille* franche, en calcaire provenant des carrières de Caen : Le mètre cube est estimé, quarante-huit francs.	48 00
103.	*Pierre de taille* franche, en calcaire provenant des carrières de tuffeau de Saumousset : Le mètre cube est estimé, quarante francs.	40 00
104.	*Pierre de taille* tendre, en calcaire provenant des carrières de tuffeau de Montsoreau : Le mètre cube est estimé, trente-huit francs.	38 00
105.	*Pierre de taille* tendre, en calcaire provenant des carrières de Mayet : Le mètre cube est estimé, trente-cinq francs.	35 00
106.	*Brique* de Bourgogne ordinaire, de 0m 22 sur 0m 11 et 0m 055 : Le mille est estimé, cent vingt francs.	120 00
107.	*Brique* de Bourgogne réfractaire, de 0m 22 sur 0m 11 et 0m 055 : Le mille est estimé, cent trente francs	130 00
108.	*Brique* réfractaire, de 0m 22 sur 0m 11 et 0m 055, provenant des fours de Janzé : Le mille est estimé, cinquante francs.	50 00
109.	*Brique* grésée, de 0m 22 sur 0m 11 et 0m 055, provenant des fours de Janzé : Le mille est estimé, quarante-quatre francs	44 00
110.	*Brique* grésée, de 0m 22 sur 0m 11 et 0m 055, provenant des fours de Sillé, Evron, Montsurs, Laval et Vitré : Le mille est estimé, quarante-deux francs.	42 00
111.	*Brique* ordinaire, de 0m 22 sur 0m 11 et 0m 055, provenant des fours de Le Mans, Sillé, Laval et Janzé : Le mille est estimé, quarante francs	40 00
112.	*Brique* ordinaire, de 0m 22 sur 0m 11 et 0m 055, provenant des fours de Vitré, Rennes, La Poterie, Landes-d'Acigné : Le mille est estimé, trente-sept francs	37 00
113.	*Brique* percée dans la longueur, de 0m 22 sur 0m 11 et 0m 055, provenant des fours du Mans et Laval : Le mille est estimé, quarante-deux francs.	42 00
114.	*Brique* percée dans la largeur, de 0m 22 sur 0m 11 et 0m 11, provenant des fours de Vitré et Rennes : Le mille est estimé, quatre-vingt-six francs	86 00
115.	*Carreaux* en terre cuite, hexagones, de 0m 17 de coté et de 0m 027 d'épaisseur, provenant des fours de Laval, Vitré et Rennes : Le mille est estimé, soixante francs	60 00
116.	*Carreaux* en terre cuite, hexagones, de 0m 215 de coté et de 0m 035 d'épaisseur, provenant des fours de Laval, Vitré et Rennes : Le mille est estimé, cent vingt-cinq francs.	125 00

NUMÉROS des PRIX.	DÉSIGNATION DES OUVRAGES.	PRIX de L'UNITÉ.
117.	*Carreaux* en terre cuite, carrés, de 0m 165 de côté et de 0m 027 d'épaisseur, provenant des fours de Laval, Vitré et Rennes : Le mille est estimé, quarante-quatre francs	44f 00
118.	*Carreaux* en terre cuite, carrés, de 0m 22 de côté et de 0m 034 d'épaisseur, provenant des fours de Laval, Vitré et Rennes (dits moyens pavés à fours) : Le mille est estimé, cent francs.	100 00
119.	*Carreaux* pour mosaïques, de deux et trois couleurs, en ciment comprimé, de la fabrique Lobereau-Meurgey : Le mètre superficiel est estimé, six francs soixante-cinq centimes.	6 65

DÉTAIL.

Le mètre superficiel de carreaux assortis, suivant la demande, rendus en gare de Batignolles ou de Montparnasse	5f 50
Bénéfice de l'entrepreneur 1/10	0 55
Transport par chemin de fer à la distance moyenne de 374 kilomètres, à raison de 0f 04c par tonne et par kilomètre.	0 60
TOTAL.	6f 65

NOTA. Le mètre carré de carreaux pèse 40 kilog.

ARTICLE 2. — *Exécution des maçonneries.*

§ 1er. OUVRAGES EN MATÉRIAUX NEUFS.

120.	*Chaux grasse* éteinte sur les chantiers : Le mètre cube est estimé, dix francs.	10 00

DÉTAIL.

Cinquante centièmes (0m 50) de chaux vive à 16f 00 (n° 8).	8f 00
Frais de bassin et extinction.	2 00
TOTAL.	10f 00

121.	*Chaux hydraulique* de Montsurs, éteinte sur les chantiers : Le mètre cube est estimé, quinze francs	15 00

DÉTAIL.

0m 80 de chaux vive à 16f 00 (n° 69).	12f 80
Frais de bassin et extinction.	2 20
TOTAL.	15f 00

NUMÉROS des PRIX.	DÉSIGNATION DES OUVRAGES.		PRIX de L'UNITÉ.
122.	*Chaux hydraulique* de Soulitré, Pavilly, Douai, Lormandière, éteinte sur les chantiers : Le mètre cube est estimé, vingt-huit francs		28f 00
	DÉTAIL.		
	1m 30 de chaux en poudre ou 1m 00 de chaux vive à 26f 00 (n° 70)	26f 00	
	Frais de bassin et extinction.	2 00	
	TOTAL.	28f 00	
123.	*Mortier* de chaux grasse et sable du n° 61 (Le Mans, Conlie, Le Genest, Saint-Pierre-la-Cour) : Le mètre cube est estimé, dix francs.		10 00
	DÉTAIL.		
	0m 90 de sable à 3f 50 (n° 61)	3f 15	
	0m 45 de chaux éteinte à 10f 00 (n° 120).	4 50	
	Frais de manége et main-d'œuvre	2 35	
	TOTAL.	10f 00	
124.	*Mortier* de chaux grasse et sable du n° 62 (sable de Sillé, Laval, Rennes) : Le mètre cube est estimé, onze francs		11 00
	DÉTAIL.		
	0m 90 de sable à 4f 50 (n° 62).	4f 05	
	0m 45 de chaux éteinte à 10f 00 (n° 120).	4 50	
	Frais de manége et main-d'œuvre	2 45	
	TOTAL.	11f 00	
125.	*Mortier* de chaux hydraulique du n° 121 et sable du n° 61 : Le mètre cube est estimé, douze francs quarante centimes		12 40
	DÉTAIL.		
	0m 90 de sable à 3f 50 (n° 61)	3f 15	
	0m 60 de chaux en poudre, formant 0m 45 de chaux éteinte à 15f 00 (n° 121) .	6 75	
	Frais de manége et main-d'œuvre	2 50	
	TOTAL.	12f 40	
126.	*Mortier* de chaux hydraulique du n° 121 et sable du n° 63 : Le mètre cube est estimé, treize francs quatre-vingts centimes.		13 80
	DÉTAIL.		
	0m 90 de sable à 5f 00 (n° 63)	4f 50	
	0m 45 de chaux éteinte à 15f 00 (n° 121).	6 75	
	Frais de manége et main-d'œuvre	2 55	
	TOTAL.	13f 80	

NUMÉROS des PRIX.	DÉSIGNATION DES OUVRAGES.	PRIX de L'UNITÉ.
127.	*Mortier* de chaux hydraulique du n° 122 et sable du n° 62 : Le mètre cube est estimé, dix-neuf francs vingt centimes.	19f 20
	DÉTAIL.	
	0m 90 de sable à 4f 50 (n° 62) . . . . . 4f 05 0m 45 de chaux éteinte à 28f 00 (n° 122) . . . . . 12 60 Frais de manége et main-d'œuvre . . . . . 2 55 Total 19f 20	
128.	*Mortier* de chaux hydraulique du n° 122 et sable du n° 64 : Le mètre cube est estimé, vingt francs.	20 00
	DÉTAIL.	
	0m 90 de sable à 5f 50 (n° 64) . . . . . 4f 95 0m 45 de chaux éteinte à 28f 00 (n° 122) . . . . . 12 60 Frais de manége et main-d'œuvre . . . . . 2 45 Total 20f 00	
129.	*Mortier* de ciment hydraulique de Pouilly et de Vassy, et sable du n° 62 pour maçonneries (dosage : en volume 2 parties de sable et 1 partie de ciment) : Le mètre cube est estimé, quarante-deux francs quatre-vingt-dix centimes	42 90
	DÉTAIL.	
	0m 90 de sable à 4f 50 (n° 62) . . . . . 4f 05 450 kilogrammes de ciment hydraulique à 0f 075 (n° 72) . . . . . 33 75 Tamisage de sable, 11 heures de manœuvre à 0f 175 (n° 41) . . . . . 1 93 Fabrication dans l'auge et transport du mortier, 18 heures de manœuvre à 0f 175 (n° 44) . . . . . 3 15 Total 42f 88	
130.	*Mortier* de ciment hydraulique de Pouilly et de Vassy et sable du n° 64 pour chapes, enduits et jointoiements (dosage : en volume 1 partie de sable et une partie de ciment) : Le mètre cube est estimé, soixante francs quatre-vingt-dix centimes.	60 90
	DÉTAIL.	
	0m 70 de sable à 5f 50 (N° 64) . . . . . 3f 85 700 kilog. de ciment hydraulique à 0f 075 (n° 72) . . . . . 52 50 Tamisage du sable, 8 heures de manœuvre à 0f 175 (n° 44) . . . . . 1 40 Fabrication dans l'auge et transport du mortier, 18 heures de manœuvre à 0f 175 (n° 44) . . . . . 3 15 Total 60f 90	

NUMÉROS des PRIX.	DÉSIGNATION DES OUVRAGES.	PRIX de L'UNITÉ.
131.	*Mortier* de ciment hydraulique de Portland, ou similaire au Portland, et sable du n° 62, pour maçonneries (dosage : en volume, 3 parties de sable, 1 partie de ciment) : Le mètre cube est estimé, cinquante francs vingt-cinq centimes	50f 25

DÉTAIL.

1m 00 de sable à 4f 50 (n° 62)	4f 50
450 kilog. de ciment hydraulique de Portland à 0f 09 (n° 73)	40 50
Tamisage du sable, 12 heures de manœuvre à 0f 175 (n° 44)	2 10
Fabrication dans l'auge et transport du mortier, 18 heures de manœuvre, à 0f 175 (n° 44)	3 15
Total	50f 25

132.	*Mortier* de ciment hydraulique de Portland, ou similaire au Portland, et sable du n° 64, pour chapes, enduits et jointoiements (dosage : en volume, 2 parties de sable et 1 partie de ciment) : Le mètre cube est estimé, soixante-quatre francs	64 00

DÉTAIL.

0m 90 de sable à 5f 50 (n° 64)	4f 95
600 kilog. de ciment hydraulique de Portland à 0f 09 (n° 73)	54 00
Tamisage du sable, 11 heures de manœuvre, à 0f 175 (n° 44)	1 93
Fabrication dans l'auge et transport du mortier, 18 heures de manœuvre, à 0f 175 (n° 44)	3 15
Total	64f 03

133.	*Mortier* de chaux hydraulique du n° 121 et ciment fin de tuileau : Le mètre cube est estimé, trente-deux francs	32 00

DÉTAIL.

0m 80 de ciment de tuileau à 26f 00 n° (74)	20f 80
0m 50 de chaux hydraulique éteinte à 15f 00 (n° 121)	7 50
Frais de manége et main-d'œuvre	3 70
Total	32f 00

134.	*Mortier* de chaux hydraulique du n° 122 et gros ciment de tuileau : Le mètre cube est estimé, trente-deux francs quatre-vingt-dix centimes	32 90

DÉTAIL.

0m 80 de ciment de tuileau à 19f 00 (n° 75)	15f 20
0m 65 de chaux en poudre, ou 0m 50 de chaux hydraul. éteinte à 28f00 (n° 122)	14 00
Frais de manége et main-d'œuvre	3 70
Total	32f 90

NUMÉROS des PRIX.	DÉSIGNATION DES OUVRAGES.		PRIX de L'UNITÉ.
135.	*Maçonnerie* de béton avec mortier hydraulique du n° 125 et cailloutis du n° 77 : Le mètre cube est estimé, treize francs.		13f 00
	DÉTAIL		
	0m 80 de Cailloutis à 4f 00 (n°77)	3f 20	
	0m 50 de mortier à 12f 40 (n° 125).	6 20	
	Fabrication et emploi.	3 60	
	TOTAL.	13f 00	
136.	*Maçonnerie* de béton avec mortier hydraulique du n° 126 et cailloutis du n° 77 : Le mètre cube est estimé, treize francs soixante-dix centimes.		13 70
	DÉTAIL.		
	0m 80 de cailloutis à 4f 00 (n° 77).	3f 20	
	0m 50 de mortier à 13f 80 (n° 126)	6 90	
	Fabrication et emploi.	3 60	
	TOTAL.	13f 70	
137.	*Maçonnerie* de béton avec mortier hydraulique du n° 127 et pierre cassée du n° 78 ou n° 85 : Le mètre cube est estimé, quinze francs soixante centimes		15 60
	DÉTAIL.		
	0m 80 de cailloutis à 3f 00 (n° 78)	2f 40	
	0m 50 de mortier à 19f 20 (n° 127).	9 60	
	Fabrication et emploi	3 60	
	TOTAL.	15f 60	
138.	*Maçonnerie* de béton avec mortier hydraulique du n° 128 et pierre cassée du n° 77 : Le mètre cube est estimé, seize francs quatre-vingts centimes		16 80
	DÉTAIL.		
	0m 80 de cailloux siliceux à 4f 00 (n° 77).	3f 20	
	0m 50 de mortier à 20f 00 (n° 128).	10 00	
	Fabrication et emploi	3 60	
	TOTAL.	16f 80	
139.	*Maçonnerie* de béton avec mortier de chaux hydraulique du n° 127 et pierre cassée du n° 79 : Le mètre cube est estimé, dix-huit francs.		18 00
	DÉTAIL.		
	0m 80 de cailloutis à 6f 00 (n° 79)	4f 80	
	0m 50 de mortier à 19f 20 (n° 127).	9 60	
	Fabrication et emploi	3 60	
	TOTAL.	18f 00	

NUMÉROS des PRIX.	DÉSIGNATION DES OUVRAGES.	PRIX de L'UNITÉ.
140.	*Maçonnerie* de béton, fabriquée comme ci-dessus, mais employée pour forme de bitume ou chape sur huit à quinze centimètres d'épaisseur : Les prix n°s 135, 136, 137, 138 et 139 seront augmentés, par mètre cube, y compris pilonnage, de deux francs.	2^f 00
141.	*Maçonnerie* de béton avec mortier de ciment hydraulique de Pouilly ou de Vassy du n° 129 et pierre cassée du n° 77 : Le mètre cube est estimé, vingt-huit francs soixante-dix centimes	28 70

DÉTAIL.

0^m 80 de pierre cassée à 4^f 00 (n° 77)	3^f 20
0^m 50 de mortier de ciment à 42^f 90 (n° 129)	21 45
Fabrication et emploi	4 05
TOTAL.	28^f 70

142.	*Maçonnerie* de béton avec mortier de ciment hydraulique de Portland du n° 131 et pierre cassée du n° 77 : Le mètre cube est estimé, trente-deux francs quarante centimes.	32 40

DÉTAIL.

0^m 80 de de pierre cassée à 4^f 00 (n° 77)	3^f 20
0^m 50 de mortier de ciment à 50^f 25 (n° 131).	25 13
Fabrication et emploi	4 07
TOTAL.	32^f 40

143.	*Maçonnerie* de parement et de remplissage, à pierre sèche, avec moellon brut du n° 84 : Le mètre cube est estimé, sept francs soixante-dix centimes.	7 70

DÉTAIL.

1^m 10 de moellon à 5^f 00 (n° 84).	5^f 50
Main-d'œuvre et tous faux frais	2 20
TOTAL.	7^f 70

144.	*Maçonnerie* de parement et de remplissage à pierre sèche, avec moellon brut du n° 85 : Le mètre cube est estimé, sept francs soixante-dix centimes	7 70

DÉTAIL.

1^m 10 de moellon à 5^f 00 (n° 85).	5^f 50
Main-d'œuvre et tous faux frais.	2 20
TOTAL.	7^f 70

NUMÉROS des PRIX.	DÉSIGNATION DES OUVRAGES.		PRIX de L'UNITÉ.
145.	*Maçonnerie* de parement et de remplissage, à pierre sèche, avec moellon brut du n° 86 : Le mètre cube est estimé, six francs soixante centimes.		6 60
	DÉTAIL.		
	1m 10 de moellon à 4f 00 (n° 86)	4f 40	
	Main-d'œuvre et tous faux frais.	2 20	
	TOTAL.	6f 60	
146.	*Maçonnerie* de parement et de remplissage, à pierre sèche, avec moellon brut du n° 87 : Le mètre cube est estimé, cinq francs cinquante centimes		5 50
	DÉTAIL.		
	0m 10 de moellons à 3f 00 (n° 87).	3f 30	
	Main-d'œuvre et tous faux frais.	2 20	
	TOTAL.	5f 50	
147.	*Maçonnerie* de parement et de remplissage, à pierre sèche, avec bittes (ou cailloux de mer bruts) : Le mètre cube est estimé		»
	DÉTAIL.		
	1m 10 de bittes à (n° 88).	»	
	Main-d'œuvre et tous faux frais	»	
	TOTAL.	»	
148.	*Maçonnerie* de parement et de remplissage à pierre sèche, avec silex de fortes dimensions : Le mètre cube est estimé, sept francs.		7 00
	DÉTAIL.		
	1m 00 de silex à 4f 50 (n° 90)	4f 50	
	Main-d'œuvre et tous faux frais	2 50	
	TOTAL.	7f 00	
149.	*Maçonnerie* de parement à pierre sèche, avec bittes (ou cailloux de mer taillés) : Le mètre cube est estimé		»
	DÉTAIL.		
	1m 05 de bittes à (n° 89).	»	
	Main-d'œuvre et tous faux frais	»	
	TOTAL.	»	

NUMÉROS des PRIX.	DÉSIGNATION DES OUVRAGES.		PRIX de L'UNITÉ.
150.	*Maçonnerie* de parement à pierre sèche, avec silex de fortes dimensions, sur ordre écrit : Le mètre cube est estimé, dix francs.		10f 00
	DÉTAIL.		
	1m 05 de silex à 4f 50 (n° 90).	6f 75	
	Main-d'œuvre et tous faux frais	3 25	
	TOTAL.	10f 00	
151.	*Maçonnerie* de parement, à pierre sèche, avec moellon smillé et échantilonné du n° 91 : Le mètre cube est estimé, quarante-trois francs dix centimes		43 10
	DÉTAIL.		
	1m 05 de moellon à 38f 00 (n° 91).	39f 90	
	Main-d'œuvre et tous faux frais	3 20	
	TOTAL.	43f 10	
152.	*Maçonnerie* de parement, à pierre sèche, avec moellon smillé et échantillonné du n° 92 : Le mètre cube est estimé, trente francs cinquante centimes.		30 50
	DÉTAIL.		
	1m 05 de moellon à 26f 00 (n° 92).	27f 30	
	Main-d'œuvre et tous faux frais	3 20	
	TOTAL.	30f 50	
153.	*Maçonnerie* de parement, à pierre sèche, avec moellon smillé et échantillonné du n° 93 : Le mètre cube est estimé, ving-quatre francs vingt-cinq centimes.		24 25
	DÉTAIL.		
	1m 05 de moellon à 20f 00 (n° 93).	21f 00	
	Main-d'œuvre et tous faux frais.	3 25	
	TOTAL.	24f 25	
154.	*Maçonnerie* de parement, à pierre sèche, avec moellon smillé et échantillonné du n° 94 : Le mètre cube est estimé, trente-deux francs soixante centimes.		32 60
	DÉTAIL.		
	1m 05 de moellon à 28f 00 (n° 94)	29f 40	
	Main-d'œuvre et tous faux frais	3 20	
	TOTAL.	32f 60	

NUMÉROS des PRIX.	DÉSIGNATION DES OUVRAGES.		PRIX de L'UNITÉ.
155.	*Maçonnerie* de parement et de remplissage, avec moellon brut du n° 84 :		
	Le mètre cube est estimé, savoir :		
	1° Avec mortier de chaux grasse et sable du n° 125, douze francs.		12^{f} 00
	DÉTAIL.		
	1^{m} 10 de moellon à 5^{f} 00 (n° 84).	5^{f} 50	
	0^{m} 40 de mortier à 10^{f} 00 (n° 123)	4 00	
	Main-d'œuvre et tous faux frais.	2 50	
	TOTAL.	12^{f} 00	
	2° Avec mortier de chaux hydraulique et sable du n° 125, douze francs quatre-vingt-quinze centimes.		12 95
	DÉTAIL.		
	Moellon et main-d'œuvre comme ci-dessus	8^{f} 00	
	0^{m} 40 de mortier à 12^{f} 40 (n° 125)	4 96	
	TOTAL.	12^{f} 96	
	3° Avec mortier de chaux hydraulique et sable du n° 126, treize francs cinquante centimes		13 50
	DÉTAIL.		
	Moellon et main-d'œuvre comme ci-dessus.	8^{f} 00	
	0^{m} 40 de mortier à 13^{f} 80 (n° 126)	5 52	
	TOTAL.	13^{f} 52	
	4° Avec mortier de ciment hydraulique et sable du n° 129, vingt-trois francs dix centimes		23 10
	DÉTAIL.		
	1^{m} 10 de moellon à 5^{f} 00 (n° 84)	5^{f} 50	
	0^{m} 35 de mortier à 42^{f} 90 (n° 129)	15 02	
	Main-d'œuvre et tous faux frais . . , ...	2 58	
	TOTAL.	23^{f} 10	
	5° Avec mortier de ciment hydraulique de Portland et sable du n° 131, vingt-cinq francs soixante centimes.		25 60
	DÉTAIL.		
	1^{m} 10 de moellon à 5^{f} 00 (n° 84)	5^{f} 50	
	0^{m} 35 de mortier à 50^{f} 25 (n° 131)	17 59	
	Main-d'œuvre et tous faux frais comme ci-dessus.	2 51	
	TOTAL.	25^{f} 60	

NUMÉROS des PRIX.	DÉSIGNATION DES OUVRAGES.		PRIX de L'UNITÉ.
	6° Avec plâtre, vingt francs		20f 00
	DÉTAIL.		
	1m 10 de moellon à 5f 00 (n° 84)	5f 50	
	0m 30 de plâtre à 40f 00 (n° 71)	12 00	
	Main-d'œuvre et tous faux frais	2 50	
	Total	20f 00	
156.	*Maçonnerie* de remplissage, avec moellon brut du n° 85 : Le mètre cube est estimé, savoir : 1° Avec mortier de chaux grasse et sable du n° 124, douze francs soixante-dix centimes		12 70
	DÉTAIL.		
	1m 10 de moellon à 5f 00 (n° 85)	5f 50	
	0m 40 de mortier à 11f 00 (n° 124)	4 40	
	Main-d'œuvre et tous faux frais	2 80	
	Total	12f 70	
	2° Avec mortier de chaux hydraulique et sable du n° 126, treize francs quatre-vingt-deux centimes.		13 82
	DÉTAIL		
	Moellon et main-d'œuvre comme ci-dessus	8f 30	
	0m 40 de mortier à 13f 80 (n° 126)	5 52	
	Total	13f 82	
	3° Avec mortier de chaux hydraulique et sable du n° 127, quinze francs quatre-vingt-dix-huit centimes		15 98
	DÉTAIL.		
	Moellon et main-d'œuvre comme ci-dessus	8f 30	
	0m 40 de mortier à 19f 20 (n° 127)	7 68	
	Total	15f 98	
	4° Avec mortier de ciment hydraulique et sable du n° 129, vingt-trois francs quarante centimes . .		23 40
	DÉTAIL.		
	1m 10 de moellon à 5f 00 (n° 85)	5f 50	
	0m 35 de mortier à 42f 90 (n° 129)	15 02	
	Main-d'œuvre et tous faux frais	2 88	
	Total	23f 40	

NUMÉROS des PRIX.	DÉSIGNATION DES OUVRAGES.	PRIX de L'UNITÉ.
	5° Avec mortier de ciment hydraulique de Portland et sable du n° 131, vingt-cinq francs quatre-vingt-dix	25f 90
	DÉTAIL.	
	1m 10 de moellon à 5f 00 (n° 85) 5f 50	
	0m 35 de mortier à 50f 25 (n° 131) 17 59	
	Main-d'œuvre et tous faux frais comme ci-dessus 2 81	
	TOTAL. 25f 90	
	6° Avec plâtre, vingt francs trente centimes.	20 30
	DÉTAIL.	
	1m 10 de moellon à 5f 00 (n° 85) 5f 50	
	0m 30 de plâtre à 40f 00 (n° 71). 12 00	
	Main-d'œuvre et tous faux frais 2 80	
	TOTAL. 20f 30	
137.	*Maçonnerie* de parement et de remplissage, avec moellon brut, du n° 86 : Le mètre cube est estimé, savoir : 1° Avec mortier de chaux grasse et sable du n° 123, onze francs vingt centimes.	11 20
	DÉTAIL.	
	1m 10 de moellon à 4f 00 (n° 86) 4f 40	
	0m 40 de mortier à 10f 00 (n° 123) 4 00	
	Main-d'œuvre et tous faux frais 2 80	
	TOTAL. 11f 20	
	2° Avec mortier de chaux hydraulique et sable du n° 125, douze francs seize centimes.	12 16
	DÉTAIL.	
	Moellon et main-d'œuvre comme ci-dessus 7f 20	
	0m 40 de mortier à 12f 40 (n° 125) 4 96	
	TOTAL. 12f 16	
	3° Avec mortier de chaux hydraulique et sable du n° 127, quatorze francs quatre-vingt-huit centimes.	14 88
	DÉTAIL.	
	Moellon et main d'œuvre comme ci-dessus. 7f 20	
	0m 40 de mortier, à 19f 20 (n° 127) 7 68	
	TOTAL. 14f 88	

NUMÉROS des PRIX.	DÉSIGNATION DES OUVRAGES.	PRIX de L'UNITÉ.
	4° Avec mortier de ciment hydraulique et sable du n° 129, vingt-deux francs trente centimes	22f 30
	DÉTAIL.	
	1m 10 de moellon à 4f 00 (n° 86) 4f 40	
	0m 35 de mortier à 42f 90 (n° 129) 15 02	
	Main-d'œuvre et tous faux frais 2 88	
	TOTAL. 22f 30	
	5° Avec mortier de ciment hydraulique de Portland et sable du n° 131, vingt-quatre francs quatre-vingt-dix centimes.	24 90
	DÉTAIL.	
	1m 10 de moellon à 4f 00 (n° 86) 4f 40	
	0m 35 de mortier à 50f 25 (n° 131) 17 58	
	Main-d'œuvre et tous faux frais comme ci-dessus 2 92	
	TOTAL. 24f 90	
	6° Avec plâtre, dix-neuf francs trente centimes.	19 30
	DÉTAIL.	
	1m 10 de moellon à 4f 00 (n° 86) 4f 40	
	0m 30 de plâtre à 40f 00 (n° 71) 12 00	
	Main-d'œuvre et tous faux frais 2 90	
	TOTAL. 19f 30	
158.	*Maçonnerie* de parement et de remplissage, avec moellon brut du n° 87 : Le mètre cube est estimé, savoir : 1° Avec mortier de chaux grasse et sable du n° 124, dix francs cinquante centimes.	10 50
	DÉTAIL.	
	1m 10 de moellon à 3f 00 (n° 87) 3f 30	
	0m 40 de mortier à 11f 00 (n° 124) 4 40	
	Main-d'œuvre et tous faux frais 2 80	
	TOTAL. 10f 50	
	2° Avec mortier de chaux hydraulique et sable du n° 126, onze francs soixante-deux centimes . . .	11 62
	DÉTAIL.	
	Moellon et main-d'œuvre comme ci-dessus. 6f 10	
	0m 40 de mortier à 13f 80 (n° 126) 5 52	
	TOTAL. 11f 62	

NUMÉROS des PRIX.	DÉSIGNATION DES OUVRAGES.		PRIX de L'UNITÉ.
	3° Avec mortier de chaux hydraulique et sable du n° 127, treize francs soixante-dix-huit centimes . .		13f 78
	DÉTAIL.		
	Moellon et main-d'œuvre comme ci-dessus	6f 10	
	0m 40 de mortier à 19f 20 (n° 127)	7 68	
	TOTAL.	13f 78	
	4° Avec mortier de ciment hydraulique et sable du n° 129, vingt-un francs quatorze centimes		21 14
	DÉTAIL.		
	1m 10 de moellon à 3f 00 (n° 87)	3f 30	
	0m 35 de mortier à 42f 90 (n° 129)	15 02	
	Main-d'œuvre et tous faux frais	2 82	
	TOTAL.	21f 14	
	5° Avec mortier de ciment hydraulique de Portland et sable du n° 131, vingt-trois francs soixante-dix centimes		23 70
	DÉTAIL.		
	1m 10 de moellon à 3f 00 (n° 87)	3f 30	
	0m 35 de mortier à 50f 25 (n° 131)	17 58	
	Main-d'œuvre et tous faux frais comme ci-dessus.	2 82	
	TOTAL.	23f 70	
	6° Avec plâtre, dix-huit francs dix centimes		18 10
	DÉTAIL.		
	1m 10 de moellon à 3f 00 (n° 87)	3f 30	
	0m 30 de plâtre à 40f 00 (n° 71)	12 00	
	Main-d'œuvre et tous faux frais	2 80	
	TOTAL.	18f 10	
159.	*Maçonnerie* de parement et de remplissage, avec silex de fortes dimensions du n° 90 :		
	Le mètre cube est estimé, savoir :		
	1° Avec mortier de chaux grasse et sable du n° 124, onze francs soixante-dix centimes		11 70
	DÉTAIL.		
	1m 00 de silex à 4f 50 (n° 90).	4f 50	
	0m 40 de mortier à 11f 00 (n° 124)	4 40	
	Main-d'œuvre et tous faux frais	2 80	
	TOTAL.	11f 70	

NUMÉROS des PRIX.	DÉSIGNATION DES OUVRAGES.	PRIX de L'UNITÉ.
	2° Avec mortier de chaux hydraulique et sable du n° 126, douze francs quatre-vingt-deux centimes .	12f 82
	DÉTAIL.	
	Silex et main-d'œuvre comme ci-dessus. 7f 30	
	0m 40 de mortier à 13f 80 (n° 126) 5 52	
	Total. 12f 82	
	3° Avec mortier de chaux hydraulique et sable du n° 127, quatorze francs quatre-vingt-dix-huit centimes	14 98
	DÉTAIL.	
	Silex et main-d'œuvre comme ci-dessus 7f 30	
	0m 40 de mortier à 19f 20 (n° 127) 7 68	
	Total. 14f 98	
	4° Avec mortier de ciment hydraulique et sable du n° 129, vingt-deux francs quarante centimes . . .	22 40
	DÉTAIL.	
	1m 00 de silex à 4f 50 (n° 90). 4f 50	
	0m 35 de mortier à 42f 90 (n° 129) 15 02	
	Main-d'œuvre et tous faux frais 2 88	
	Total. 22f 40	
	5° Avec mortier de ciment hydraulique de Portland et sable du n° 131, vingt-quatre francs quatre-vingt-dix centimes.	24 90
	DÉTAIL.	
	1m 00 de silex à 4f 50 (n° 90) 4f 50	
	0m 35 de mortier à 50f 25 (n° 131) 17 58	
	Main-d'œuvre et tous faux frais 2 82	
	Total. 24f 90	
	6° Avec plâtre, dix-neuf francs trente centimes	19 30
	DÉTAIL.	
	1m 00 de silex à 4f 50 (n° 90). 4f 50	
	0m 30 de plâtre à 40f 00 (n° 71) 12 00	
	Main-d'œuvre et tous faux frais 2 80	
	Total. 19f 30	

NUMÉROS des PRIX.	DÉSIGNATION DES OUVRAGES.	PRIX de L'UNITÉ.
160.	*Maçonnerie* de parement, avec moellon smillé et échantillonné du n° 91 :	
	Le mètre cube est estimé, savoir :	
	1° Avec mortier de chaux grasse et sable du n° 125, quarante-six francs vingt centimes.	46f 20
	DÉTAIL.	
	1m 05 de moellon à 38f 00 (n° 91) 39f 90	
	0m 30 de mortier à 10f 00 (n° 123) 3 00	
	Main-d'œuvre et tous faux frais 3 30	
	TOTAL. 46f 20	
	2° Avec mortier de chaux hydraulique et sable du n° 126, quarante-sept francs trente-quatre centimes.	47 34
	DÉTAIL.	
	Moellon et main-d'œuvre comme ci-dessus 43f 20	
	0m 30 de mortier à 13f 80 (n° 126) 4 14	
	TOTAL. 47f 34	
	3° Avec mortier de chaux hydraulique et sable du n° 127, quarante-huit francs quatre-vingt-seize centimes	48 96
	DÉTAIL.	
	Moellon et main-d'œuvre comme ci-dessus. 43f 20	
	0m 30 de mortier, à 19f 20 (n° 127) 5 76	
	TOTAL. 48f 96	
	4° Avec mortier de ciment hydraulique et sable du n° 129, cinquante-six francs dix centimes. . . .	56 10
	DÉTAIL.	
	1m 05 de moellon à 38f 00 (n° 91) 39f 90	
	0m 30 de mortier à 42f 90 (n° 129) 12 87	
	Main-d'œuvre et tous faux frais 3 33	
	TOTAL. 56f 10	
	5° Avec mortier de ciment hydraulique de Portland et sable du n° 131, cinquante-huit francs trente centimes.	58 30
	DÉTAIL.	
	1m 05 de moellon à 38f 00 (n° 91) 39f 90	
	0m 30 de mortier à 50f 25 (n° 131) 15 08	
	Main-d'œuvre et tous faux frais 3 32	
	TOTAL. 58f 30	

NUMÉROS des PRIX.	DÉSIGNATION DES OUVRAGES.		PRIX de L'UNITÉ.
	6° Avec plâtre, cinquante-trois francs vingt centimes.		53f 20
	DÉTAIL.		
	1m 05 de moellon à 38f 00 (n° 91)	39f 90	
	0m 25 de plâtre à 40f 00 (n° 71).	10 00	
	Main-d'œuvre et tous faux frais	3 30	
	Total.	53f 20	
161.	*Maçonnerie* de parement, avec moellon smillé et échantillonné du n° 92 : Le mètre cube est estimé, savoir : 1° Avec mortier de chaux grasse et sable du n° 124, trente-trois francs quatre-vingt-dix centimes . .		33 90
	DÉTAIL.		
	1m 05 de moellon à 26f 00 (n° 92)	27f 30	
	0m 30 de mortier à 11f 00 (n° 124)	3 30	
	Main-d'œuvre et tous faux frais	3 30	
	Total.	33f 90	
	2° Avec mortier de chaux hydraulique et sable du n° 126, trente-quatre francs soixante-quatorze centimes		34 74
	DÉTAIL.		
	Moellon et main-d'œuvre comme ci-dessus	30f 60	
	0m 30 de mortier à 13f 80 (n° 126)	4 14	
	Total.	34f 74	
	3° Avec mortier de chaux hydraulique et sable du n° 127, trente-six francs trente-six centimes . . .		36 36
	DÉTAIL.		
	Moellon et main-d'œuvre comme ci-dessus.	30f 60	
	0m 30 de mortier à 19f 20 (n° 127)	5 76	
	Total.	36f 36	
	4° Avec mortier de ciment hydraulique et sable du n° 129, quarante-trois francs cinquante centimes .		43 50
	DÉTAIL.		
	1m 05 de moellon à 26f 00 (n° 92)	27f 30	
	0m 30 de mortier à 42f 90 (n° 129)	12 87	
	Main-d'œuvre et tous faux frais	3 33	
	Total.	43f 50	

NUMÉROS des PRIX.	DÉSIGNATION DES OUVRAGES.		PRIX de L'UNITÉ.
	5° Avec mortier de ciment hydraulique de Portland et sable du n° 131, quarante-cinq francs soixante-dix centimes		45^{f} 70
	DÉTAIL.		
	1^{m} 05 de moellon à 26^{f} 00 (n° 92)	27^{f} 30	
	0^{m} 30 de mortier à 50^{f} 25 (n° 131)	15 08	
	Main-d'œuvre et tous faux frais	3 32	
	TOTAL.	45^{f} 70	
	6° Avec plâtre, quarante-deux francs soixante centimes.		42 60
	DÉTAIL.		
	1^{m} 05 de moellon à 26^{f} 00 (n° 92)	27^{f} 30	
	0^{m} 30 de plâtre à 40^{f} 00 (n° 71)	12 00	
	Main-d'œuvre et tous faux frais	3 30	
	TOTAL.	42^{f} 60	
162.	*Maçonnerie* de parement avec moellon smillé et échantillonné du n° 93 : Le mètre cube est estimé, savoir :		
	1° Avec mortier de chaux grasse et sable du n° 124, vingt-sept francs soixante-un centimes		27 61
	DÉTAIL.		
	1^{m} 05 de moellon à 20^{f} 00 (n° 93)	21^{f} 00	
	0^{m} 30 de mortier à 11^{f} 00 (n° 124)	3 30	
	Main-d'œuvre et tous faux frais	3 31	
	TOTAL.	27^{f} 61	
	2° Avec mortier de chaux hydraulique et sable du n° 126, vingt-huit francs quarante-cinq centimes.		28 45
	DÉTAIL.		
	Moellon et main-d'œuvre comme ci-dessus	24^{f} 31	
	0^{m} 30 de mortier à 13^{f} 80 (n° 126)	4 14	
	TOTAL.	28^{f} 45	
	3° Avec mortier de chaux hydraulique et sable du n° 127, trente francs sept centimes.		30 07
	DÉTAIL.		
	Moellon et main-d'œuvre comme ci-dessus.	24^{f} 31	
	0^{m} 30 de mortier à 19^{f} 20 (n° 127)	5 76	
	TOTAL.	30^{f} 07	

NUMÉROS des PRIX.	DÉSIGNATION DES OUVRAGES.		PRIX de L'UNITÉ.
	4° Avec mortier de ciment hydraulique et sable du n° 129, trente-sept francs vingt-cinq centimes . .		37f 25
	DÉTAIL.		
	1m 05 de moellon à 20f 00 (n° 93)	21f 00	
	0m 30 de mortier à 42f 90 (n° 129)	12 87	
	Main-d'œuvre et tous faux frais	3 38	
	TOTAL.	37f 25	
	5° Avec mortier de ciment hydraulique de Portland et sable du n° 131, trente-neuf francs quarante-cinq centimes.		39 45
	DÉTAIL.		
	1m 05 de moellon à 20f 00 (n° 93)	21f 00	
	0m 30 de mortier à 50f 25 (n° 131)	15 08	
	Main-d'œuvre et tous faux frais	3 37	
	TOTAL.	39f 45	
	6° Avec plâtre, trente-quatre francs trente-cinq centimes		34 35
	DÉTAIL.		
	1m 05 de moellon à 20f 00 (n° 93)	21f 00	
	0m 25 de plâtre à 40f 00 (n° 71)	10 00	
	Main-d'œuvre et tous faux frais	3 35	
	TOTAL.	34f 35	
165.	*Maçonnerie* de parement, avec moellon smillé et échantillonné du n° 94 : Le mètre cube est estimé, savoir : 1° Avec mortier de chaux grasse et sable du n° 124, trente-six francs.		36 00
	DÉTAIL.		
	1m 05 de moellon à 28f 00 (n° 94).	29f 40	
	0m 30 de mortier à 11f 00 (n° 124)	3 30	
	Main-d'œuvre et tous faux frais.	3 30	
	TOTAL.	36f 00	
	2° Avec mortier de chaux hydraulique et sable du n° 126, trente-six francs quatre-vingt-quatre centimes		36 84
	DÉTAIL.		
	Moellon et main-d'œuvre comme ci-dessus	32f 70	
	0m 30 de mortier à 13f 80 (n° 126)	4 14	
	TOTAL.	36f 84	

NUMÉROS des PRIX.	DÉSIGNATION DES OUVRAGES.		PRIX de L'UNITÉ.
	3° Avec mortier de chaux hydraulique et sable du n° 127, trente-huit francs quarante-six centimes.		38 46
	DÉTAIL.		
	Moellon et main-d'œuvre comme ci-dessus.	32f 70	
	0m 30 de mortier à 19f 20 (n° 127).	5 76	
	TOTAL.	38f 46	
	4° Avec mortier de ciment hydraulique et sable du n° 129, quarante-cinq francs soixante centimes.		45 60
	DÉTAIL.		
	1m 05 de moellon à 28f 00 (n° 94).	29f 40	
	0m 30 de mortier à 42f 90 (n° 129).	12 87	
	Main-d'œuvre et tous faux frais.	3 33	
	TOTAL.	45f 60	
	5° Avec mortier de ciment hydraulique de Portland et sable du n° 131, quarante-sept francs quatre-vingts centimes.		47 80
	DÉTAIL.		
	1m 05 de moellon à 28f 00 (n° 94).	29f 40	
	0m 30 de mortier à 50f 25 (n° 131).	15 08	
	Main-d'œuvre et tous faux frais.	3 32	
	TOTAL.	47f 80	
	6° Avec plâtre, quarante-deux francs soixante-dix centimes.		42 70
	DÉTAIL.		
	1m 05 de moellon à 28f 00 (n° 94).	29f 40	
	0m 25 de plâtre à 40f 00 (n° 71).	10 00	
	Main-d'œuvre et tous faux frais.	3 30	
	TOTAL.	42f 70	
164.	*Maçonnerie* de parement, avec silex de fortes dimensions, du n° 90 : Le mètre cube est estimé, savoir : 1° Avec mortier de chaux grasse et sable du n° 124, onze francs soixante centimes.		11 60
	DÉTAIL.		
	1m 10 de silex à 4f 50 (n° 90).	4f 95	
	0m 30 de mortier à 11f 00 (n° 124).	3 30	
	Main-d'œuvre et tous faux frais.	3 35	
	TOTAL.	11f 60	

NUMÉROS des PRIX.	DÉSIGNATION DES OUVRAGES.	PRIX de L'UNITÉ.
	2° Avec mortier de chaux hydraulique et sable du n° 126, douze francs quarante-quatre centimes . .	12f 44
	DÉTAIL.	
	Silex et main-d'œuvre comme ci-dessus. 8f 30	
	0m 30 de mortier à 13f 80 (n° 126) 4 14	
	Total. 12f 44	
	3° Avec mortier de chaux hydraulique et sable du n° 127, quatorze francs six centimes	14 06
	DÉTAIL.	
	Silex et main-d'œuvre comme ci-dessus 8f 30	
	0m 30 de mortier à 19f 20 (n° 127) 5 76	
	Total. 14f 06	
	4° Avec mortier de ciment hydraulique et sable du n° 129, vingt-un francs vingt centimes	21 20
	DÉTAIL.	
	1m 10 de silex à 4f 50 (n° 90). 4f 95	
	0m 30 de mortier à 42f 90 (n° 129) 12 87	
	Main-d'œuvre et tous faux frais 3 58	
	Total. 21f 20	
	5° Avec mortier de ciment hydraulique de Portland et sable du n° 131, vingt-trois francs quarante centimes.	23 40
	DÉTAIL.	
	1m 10 de silex à 4f 50 (n° 90). 4f 95	
	0m 30 de mortier à 50f 25 (n° 131) 15 08	
	Main-d'œuvre et tous faux frais 3 37	
	Total. 23f 40	
	6° Avec plâtre, dix-huit francs trente centimes	18 30
	DÉTAIL.	
	1m 10 de silex à 4f 50 (n° 90). 4f 95	
	0m 25 de plâtre à 40f 00 (n° 71). 10 00	
	Main-d'œuvre et tous faux frais 3 35	
	Total. 18f 30	

NUMÉROS des PRIX.	DÉSIGNATION DES OUVRAGES.	PRIX de L'UNITÉ.
165.	*Maçonnerie* de pierre de taille de roche granitique du n° 97 : Le mètre cube est estimé, savoir :	
	1° Avec mortier de chaux hydraulique et sable du n° 126, quatre-vingt-trois francs.	83f 00

DÉTAIL.

1m 10 de pierre à 65f 00 (n° 97).	71f 50
0m 10 mortier fin à 13f 80 (n° 126).	1 38
Main-d'œuvre de bardage, pose, fichage et tous faux frais.	10 12
Total.	83f 00

2° Avec mortier de chaux hydraulique et sable du n° 128, quatre-vingt-trois francs soixante-deux centimes.	83 62

DÉTAIL.

Pierre, main-d'œuvre, etc., comme ci-dessus	81f 62
0m 10 de mortier fin à 20f 00 (n° 128).	2 00
Total.	83f 62

3° Avec mortier de ciment hydraulique et sable du n° 129, quatre-vingt-cinq francs quatre-vingts centimes.	85 80

DÉTAIL.

1m 10 de pierre à 65f 00 (n° 97).	71f 50
0m 10 de mortier fin à 42f 90 (n° 129).	4 29
Main-d'œuvre de bardage, pose, fichage et tous faux frais.	10 01
Total.	85f 80

4° Avec mortier de ciment hydraulique de Portland et sable du n° 131, quatre-vingt-six francs soixante centimes	86 60

DÉTAIL.

1m 10 de pierre à 65f 00 (n° 97).	71f 50
0m 10 de mortier fin à 50f 25 (n° 131).	5 03
Main-d'œuvre de bardage, pose, fichage et tous faux frais.	10 07
Total.	86f 60

5° *Plus-value* sur la maçonnerie de roche granitique, pour marches et seuils de 1m 00 de surface et au-dessus et de 0m 20 d'épaisseur et au-dessous. Cette plus-value sera du dixième des prix indiqués ci-dessus	$\frac{1}{10}$

NUMÉROS des PRIX.	DÉSIGNATION DES OUVRAGES.	PRIX de L'UNITÉ.
	6° Les bordures de trottoirs, en pierre de granit taillée et posée sur fondation en maçonnerie de moellon, seront payées au mètre courant, comme il est indiqué au chapitre pavage, compris pose. Le mètre courant de bordures de 0m 30 de largeur sur 0m 26 à 0m 30 d'épaisseur, compris fondation en maçonnerie de moellon de 0m 10 d'épaisseur :	
	En partie droite, huit francs	8f 00
	En partie courbe, douze francs cinquante centimes	12 50
166.	*Maçonnerie* de pierre de taille de roche granitique du n° 98 :	
	Le mètre cube est estimé, savoir :	
	1° Avec mortier de chaux hydraulique et sable du n° 126, cent un francs quarante centimes	101 40

DÉTAIL.

0m 10 de pierre à 80f 00 (n° 98).	88f 00
0m 10 de mortier fin à 13f 80 (n° 126).	1 38
Main-d'œuvre de bardage, pose, fichage et tous faux frais.	12 02
Total.	101f 40

	2° Avec mortier de chaux hydraulique et sable du n° 128, cent deux francs.	102 00

DÉTAIL.

Pierre, main-d'œuvre, etc., comme ci-dessus.	100f 02
0m 10 de mortier fin à 20f 00 (n° 128).	2 00
Total.	102f 02

	3° Avec mortier de ciment hydraulique et sable du n° 129, cent quatre francs trente centimes	104 30

DÉTAIL.

1m 10 de pierre à 80f 00 (n° 98).	88f 00
0m 10 de mortier fin à 42f 90 (n° 129).	4 29
Main-d'œuvre de bardage, pose, fichage et tous faux frais.	12 01
Total.	104f 30

	4° Avec mortier de ciment hydraulique de Portland et sable du n° 131, cent cinq francs dix centimes.	105 10

DÉTAIL.

1m 10 de pierre à 80f 00 (n° 98).	88f 00
0m 10 de mortier fin à 50f 25 (n° 131).	5 03
Main-d'œuvre de bardage, pose, fichage et tous faux frais.	12 07
Total.	105f 10

NUMÉROS des PRIX.	DÉSIGNATION DES OUVRAGES.	PRIX de L'UNITÉ.
	5° *Plus-value* sur la maçonnerie de roche granitique, pour marches et seuils de 1m 00 de surface et au-dessus et de 0m 20 d'épaisseur et au-dessous.	12f 82
	Cette plus-value sera du dixième des prix indiqués ci-dessus	$\frac{1}{10}$
	6° La maçonnerie de pierre de taille de fondation des grues, sera payée pour son cube réel, sans augmentation de prix pour abattage et perte de pierre dans les appareils. Il sera seulement tenu compte de la façon des joints, comme smillage de granit indiqué au n° 228.	
	Le mètre superficiel est estimé, deux francs	2 00
167.	*Maçonnerie* de pierre de taille de roche calcaire du n° 99 : Le mètre cube est estimé, savoir :	
	1° Avec mortier de chaux hydraulique et sable du n° 126, quatre-vingts francs.	80 00
	DÉTAIL.	
	1m 10 de pierre à 65f 00 (n° 99) 71f 50	
	0m 10 de mortier fin à 13f 80 (n° 126) 1 38	
	Main-d'œuvre de bardage, pose, fichage et tous faux frais. 7 12	
	Total. 80f 00	
	2° Avec mortier de chaux hydraulique et sable du n° 128, quatre-vingts francs soixante-deux centimes.	80 62
	DÉTAIL.	
	Pierre, main-d'œuvre, etc., comme ci-dessus. 78f 62	
	0m 10 de mortier fin à 20f 00 (n° 128) 2 00	
	Total. 80f 62	
	3° Avec mortier de ciment hydraulique et sable du n° 129, quatre-vingt-trois francs	83 00
	DÉTAIL.	
	1m 10 de pierre à 65f 00 (n° 99). 71f 50	
	0m 10 de mortier fin à 42f 90 (n° 129) 4 29	
	Main-d'œuvre de bardage, pose, fichage et tous faux frais. 7 21	
	Total. 83f 00	
	4° Avec mortier de ciment hydraulique de Portland et sable du n° 131, quatre-vingt-trois francs quatre-vingts centimes.	83 80
	DÉTAIL.	
	1m 10 de pierre à 65f 00 (n° 99). 71f 50	
	0m 10 de mortier fin à 50f 25 (n° 131). 5 03	
	Main-d'œuvre de bardage, pose, fichage et tous faux frais. 7 27	
	Total. 83f 80	

NUMÉROS des PRIX.	DÉSIGNATION DES OUVRAGES.		PRIX de L'UNITÉ.
168.	*Maçonnerie* de pierre de taille de roche calcaire du n° 100 :		
	Le mètre cube est estimé, savoir :		
	1° Avec mortier de chaux hydraulique et sable du n° 126, soixante-trois francs cinquante centimes . .		63f 50
	DÉTAIL.		
	1m 10 de pierre à 50f 00 (n° 100).	55f 00	
	0m 10 de mortier fin à 13f 80 (n° 126)	1 38	
	Main-d'œuvre de bardage, pose, fichage et tous faux frais.	7 12	
	TOTAL.	63f 50	
	2° Avec mortier de chaux hydraulique et sable du n° 128, soixante-quatre francs douze centimes . . .		64 12
	DÉTAIL.		
	Pierre, main-d'œuvre, etc., comme ci-dessus.	62f 12	
	0m 10 de mortier fin à 20f 00 (n° 128)	2 00	
	TOTAL.	64f 12	
	3° Avec mortier de ciment hydraulique et sable du n° 129, soixante-six francs quarante centimes . .		66 40
	DÉTAIL.		
	1m 10 de pierre à 50f 00 (n° 100)	55f 00	
	0m 10 de mortier fin à 42f 90 (n° 129)	4 29	
	Main-d'œuvre de bardage, pose, fichage et tous faux frais.	7 11	
	TOTAL.	66f 40	
	4° Avec mortier de ciment hydraulique de Portland et sable du n° 131, soixante-sept francs vingt centimes.		67 20
	DÉTAIL.		
	1m 10 de pierre à 50f 00 (n° 100).	55f 00	
	0m 10 de mortier fin à 50f 25 (n° 131)	5 03	
	Main-d'œuvre de bardage, pose, fichage et tous faux frais.	7 17	
	TOTAL.	67f 20	
169.	*Maçonnerie* de libages en roche calcaire du n° 101 :		
	Le mètre cube est estimé, savoir :		
	1° Avec mortier de chaux hydraulique et sable du n° 126, cinquante-sept francs quarante centimes .		57 40
	DÉTAIL.		
	1m 05 de pierre à 45f 00 (n° 101)	47f 25	
	0m 30 de mortier à 13f 80 (n° 126)	4 14	
	Main-d'œuvre de bardage, pose, fichage et tous faux frais.	6 01	
	TOTAL.	57f 40	

NUMÉROS des PRIX.	DÉSIGNATION DES OUVRAGES.		PRIX de L'UNITÉ.
	2° Avec mortier de chaux hydraulique et sable du n° 128, cinquante-neuf francs vingt-six centimes. .		59f 26
	DÉTAIL.		
	Pierre, main-d'œuvre, etc., comme ci-dessus	53f 26	
	0m 30 de mortier, à 20f 00 (n° 128)	6 00	
	Total.	59f 26	
	3° Avec mortier de ciment hydraulique et sable du n° 129, soixante-six francs vingt centimes		66 20
	DÉTAIL.		
	1m 05 de pierre à 45f 00 (n° 101).	47f 25	
	0m 30 de mortier à 42f 90 (n° 129)	12 87	
	Main-d'œuvre de bardage, pose, fichage et tous faux frais.	6 08	
	Total.	66f 20	
	4° Avec mortier de ciment hydraulique de Portland et sable du n° 131, soixante-huit francs quarante centimes		68 40
	DÉTAIL.		
	1m 05 de pierre à 45f 00 (n° 101)	47f 25	
	0m 30 de mortier à 50f 25 (n° 131)	15 08	
	Main-d'œuvre de bardage, pose, fichage et tous faux frais.	6 07	
	Total.	68f 40	
170.	*Maçonnerie* de pierre de taille franche calcaire du n° 102 : Le mètre cube est estimé, savoir : 1° Avec mortier de chaux hydraulique et sable du n° 126, soixante francs soixante-dix centimes . . .		60 70
	DÉTAIL.		
	1m 10 de pierre à 48f 00 (n° 102).	52f 80	
	0m 10 de mortier fin à 13f 80 (n° 126)	1 38	
	Main-d'œuvre de bardage, pose, fichage et tous faux frais.	6 52	
	Total.	60f 70	
	2° Avec mortier de chaux hydraulique et sable du n° 128, soixante-un francs trente-deux centimes. .		61 32
	DÉTAIL.		
	Pierre, main-d'œuvre, etc., comme ci-dessus	59f 32	
	0m 10 de mortier fin à 20f 00 (n° 128)	2 00	
	Total.	61f 32	

NUMÉROS des PRIX.	DÉSIGNATION DES OUVRAGES.		PRIX de L'UNITÉ.
	3° Avec mortier de ciment hydraulique et sable du n° 129, soixante-trois francs soixante centimes. .		63f 60
	DÉTAIL.		
	1m 10 de pierre à 48f 00 (n° 102)	52f 80	
	0m 10 de mortier fin à 42f 90 (n° 129)	4 29	
	Main-d'œuvre de bardage, pose, fichage et tous faux frais.	6 51	
	Total.	63f 60	
	4° Avec mortier de ciment hydraulique de Portland et sable du n° 131, soixante-quatre francs quarante centimes.		64 40
	DÉTAIL.		
	1m 10 de pierre à 48f 00 (n° 102)	52f 80	
	0m 10 de mortier fin à 50f 25 (n° 131)	5 03	
	Main-d'œuvre de bardage, pose, fichage et tous faux frais.	6 57	
	Total.	64f 40	
171.	*Maçonnerie* de pierre de taille franche calcaire du n° 103 : Le mètre cube est estimé, savoir : 1° Avec mortier de chaux hydraulique et sable du n° 126, cinquante francs quarante centimes		50 40
	DÉTAIL.		
	1m 10 de pierre à 40f 00 (n° 103).	44f 00	
	0m 10 de mortier fin à 13f 80 (n° 126)	1 38	
	Main-d'œuvre de bardage, pose, fichage et tous faux frais.	5 02	
	Total.	50f 40	
	2° Avec mortier de chaux hydraulique et sable du n° 128, cinquante-un francs deux centimes . . .		51 02
	DÉTAIL.		
	Pierre, main-d'œuvre, etc., comme ci-dessus.	49f 02	
	0m 10 de mortier fin à 20f 00 (n° 128)	2 00	
	Total.	51f 02	
	3° Avec mortier de ciment hydraulique et sable du n° 129, cinquante-trois francs cinquante centimes.		53 50
	DÉTAIL.		
	1m 10 de pierre à 40f 00 (n° 103)	44f 00	
	0m 10 de mortier fin à 42f 90 (n° 129)	4 29	
	Main-d'œuvre de bardage, pose, fichage et tous faux frais.	5 21	
	Total.	53f 50	

NUMÉROS des PRIX.	DÉSIGNATION DES OUVRAGES.		PRIX de L'UNITÉ.
	4° Avec mortier de ciment hydraulique de Portland et sable du n° 131, cinquante-quatre francs vingt centimes		54f 20
	DÉTAIL.		
	1m 10 de pierre à 40f 00 (n° 103)	44f 00	
	0m 10 de mortier fin à 50f 25 (n° 131)	5 03	
	Main-d'œuvre de bardage, pose, fichage et tous faux frais.	5 17	
	TOTAL.	54f 20	
	5° La même pierre de taille provenant des dépôts de la compagnie sera payée comme maçonnerie de démolition, augmentée des prix de transport à 0f 04 par tonne et par kilomètre, des prix de chargement en wagon et de déchargement et du bardage à pied-d'œuvre, dix francs quatre-vingt-quatre centimes. .		10 84
	DÉTAIL.		
	Transport à 104 kilomètres de 1m 10 de pierre tendre, pesant 1 600 kilogr. à 0f 064.	6f 66	
	Chargement et déchargement.	3 00	
	Bardage et transport à 40m 00.	1 18	
	TOTAL.	10f 84	
172.	*Maçonnerie* de pierre de taille tendre calcaire du n° 104 : Le mètre cube est estimé, savoir :		
	1° Avec mortier de chaux hydraulique et sable du n° 126, cinquante francs dix centimes.		50 10
	DÉTAIL.		
	1m 15 de pierre à 38f 00 (n° 104)	43f 70	
	0m 10 de mortier fin à 13f 80 (n° 126)	1 38	
	Main-d'œuvre de bardage, pose, fichage et tous faux frais.	5 02	
	TOTAL.	50f 10	
	2° Avec mortier de chaux hydraulique et sable du n° 128, cinquante francs soixante-douze centimes.		50 72
	DÉTAIL.		
	Pierre, main-d'œuvre, etc., comme ci-dessus.	48f 72	
	0m 10 de mortier fin à 20f 00 (n° 128)	2 00	
	TOTAL.	50f 72	
	3° Avec mortier de ciment hydraulique et sable du n° 129, cinquante-trois francs		53 00
	DÉTAIL.		
	1m 15 de pierre à 38f 00 (n° 104)	43f 70	
	0m 10 de mortier fin à 42f 90 (n° 129)	4 29	
	Main-d'œuvre de bardage, pose, fichage et tous faux frais.	5 01	
	TOTAL.	53f 00	

NUMÉROS des PRIX.	DÉSIGNATION DES OUVRAGES.		PRIX de L'UNITÉ.
	4° Avec mortier de ciment hydraulique de Portland et sable du n° 131, cinquante-trois francs quatre-vingt-dix centimes		53f 90
	DÉTAIL.		
	1m 15 de pierre à 38f 00 (n° 104)	43f 70	
	0m 10 de mortier fin à 50f 25 (n° 131)	5 03	
	Main-d'œuvre de bardage, pose, fichage et tous faux frais.	5 17	
	TOTAL.	53f 90	
173.	*Maçonnerie* de pierre de taille tendre calcaire du n° 105 : Le mètre cube est estimé, savoir :		
	1° Avec mortier de chaux hydraulique et sable du n° 126, quarante-six francs soixante-cinq centimes.		46 65
	DÉTAIL.		
	1m 15 de pierre à 35f 00 (n° 105)	40f 25	
	0m 10 de mortier fin à 13f 80 (n° 126)	1 38	
	Main-d'œuvre de bardage, pose, fichage et tous faux frais.	5 02	
	TOTAL.	46f 65	
	2° Avec mortier de chaux hydraulique et sable du n° 128, quarante-sept francs vingt-sept centimes		47 27
	DÉTAIL.		
	Pierre, main-d'œuvre, etc., comme ci-dessus.	45f 27	
	0m 10 de mortier fin à 20f 00 (n° 128)	2 00	
	TOTAL.	47f 27	
	3° Avec mortier de ciment hydraulique et sable du n° 129, quarante-neuf francs soixante centimes . .		49 60
	DÉTAIL.		
	1m 15 de pierre à 35f 00 (n° 105).	40f 25	
	0m 10 de mortier fin à 42f 90 (n° 129)	4 29	
	Main-d'œuvre de bardage, pose, fichage et tous faux frais.	5 06	
	TOTAL.	49f 60	
	4° Avec mortier de ciment hydraulique de Portland et sable du n° 131, cinquante francs trente centimes		50 30
	DÉTAIL.		
	1m 15 de pierre à 35f 00 (n° 105)	40f 25	
	0m 10 de mortier fin à 50f 25 (n° 131)	5 03	
	Main-d'œuvre de bardage, pose, fichage et tous faux frais.	5 02	
	TOTAL.	50f 30	

NUMÉROS des PRIX.	DÉSIGNATION DES OUVRAGES.	PRIX de L'UNITÉ.
174.	*Maçonnerie* de brique de Bourgogne ordinaire du n° 106, pour murs, cloisons, etc., au-dessus de 0m 22 d'épaisseur :	
	Le mètre cube est estimé, savoir :	
	1° Avec mortier de chaux grasse et sable du n° 124, quatre-vingt-sept francs trente centimes. . . .	87f 30
	DÉTAIL.	
	650 briques à 120f 00 le mille (n° 106). 78f 00	
	0m 25 de mortier fin à 11f 00 (n° 124) 2 75	
	Main-d'œuvre et tous faux frais 6 55	
	TOTAL. 87f 30	
	2° Avec mortier de chaux hydraulique et sable du n° 126, quatre-vingt-huit francs.	88 00
	DÉTAIL.	
	Briques et main-d'œuvre comme ci-dessus. 84f 55	
	0m 25 de mortier fin à 13f 80 (n° 126) 3 45	
	TOTAL. 88f 00	
	3° Avec mortier de chaux hydraulique et sable du n° 128, quatre-vingt-neuf francs cinquante-cinq centimes.	89 55
	DÉTAIL.	
	Briques et main-d'œuvre comme ci-dessus. 84f 55	
	0m 25 de mortier fin à 20f 00 (n° 128) 5 00	
	TOTAL. 89f 55	
	4° Avec mortier de ciment hydraulique et sable du n° 129, quatre-vingt-quinze francs trente centimes.	95 30
	DÉTAIL.	
	650 briques à 120f 00 le mille (n° 106) 78f 00	
	0m 25 de mortier fin à 42f 90 (n° 129) 10 73	
	Main-d'œuvre et tous faux frais 6 57	
	TOTAL. 95f 30	
	5° Avec mortier de ciment hydraulique de Portland et sable du n° 131, quatre-vingt-dix-sept francs dix centimes	97 10
	DÉTAIL.	
	650 briques à 120f 00 le mille (n° 106). 78f 00	
	0m 25 de mortier fin à 50f 25 (n° 131) 12 56	
	Main-d'œuvre et tous faux frais 6 54	
	TOTAL. 97f 10	

NUMÉROS des PRIX.	DÉSIGNATION DES OUVRAGES.	PRIX de L'UNITÉ.
	6° Avec plâtre, quatre-vingt-douze francs cinquante centimes	92f 50
	DÉTAIL.	
	650 briques à 120f 00 le mille (n° 106). 78f 00	
	0m 20 de plâtre à 40f 00 (n° 71) 8 00	
	Main-d'œuvre et tous faux frais 6 50	
	Total. 92f 50	
175.	*Maçonnerie* de brique de Bourgogne réfractaire du n° 107, pour cloisons, murs, etc., au-dessus de 0m 22 d'épaisseur :	
	Le mètre cube est estimé, savoir :	
	1° Avec mortier de chaux grasse et sable du n° 124, quatre-vingt-treize francs quatre-vingts centimes.	93 80
	DÉTAIL	
	650 briques à 130f 00 le mille (n° 107). 84f 50	
	0m 25 de mortier fin à 11f 00 (n° 124) 2 75	
	Main-d'œuvre et tous faux frais. 6 55	
	Total. 93f 80	
	2° Avec mortier de chaux hydraulique et sable du n° 126, quatre-vingt-quatorze francs cinquante centimes	94 50
	DÉTAIL.	
	Briques et main-d'œuvre comme ci-dessus. 91f 05	
	0m 25 de mortier fin à 13f 80 (n° 126) 3 45	
	Total. 94f 50	
	3° Avec mortier de chaux hydraulique et sable du n° 128, quatre-vingt-seize francs cinq centimes. .	96 05
	DÉTAIL.	
	Briques et main-d'œuvre comme ci-dessus. 91f 05	
	0m 25 de mortier fin à 20f 00 (n° 128) 5 00	
	Total. 96f 05	
	4° Avec mortier de ciment hydraulique et sable du n° 129, cent un francs quatre-vingts centimes . .	101 80
	DÉTAIL.	
	650 briques à 130f 00 le mille (n° 107). 84f 50	
	0m 25 de mortier fin à 42f 90 (n° 129). 10 73	
	Main-d'œuvre et tous faux frais 6 57	
	Total. 101f 80	

NUMÉROS des PRIX.	DÉSIGNATION DES OUVRAGES.		PRIX de L'UNITÉ.
	5° Avec mortier de ciment hydraulique de Portland et sable du n° 131, cent trois francs soixante centimes.		103^{f} 60
	DÉTAIL.		
	650 briques à 130^{f} 00 le mille (n° 107).	84^{f} 50	
	0^{m} 25 de mortier fin à 50^{f} 25 (n° 131).	12 56	
	Main-d'œuvre et tous faux frais	6 54	
	TOTAL.	103^{f} 60	
	6° Avec plâtre, quatre-vingt-dix-neuf francs.		99 00
	DÉTAIL.		
	650 briques à 130^{f} 00 le mille (n° 107)	84^{f} 50	
	0^{m} 20 de plâtre à 40^{f} 00 (n° 71)	8 00	
	Main-d'œuvre et tous faux frais	6 50	
	TOTAL.	99^{f} 00	
176.	*Maçonnerie* de brique réfractaire du n° 108, pour murs, cloisons, etc., au-dessus de 0^{m} 22 d'épaisseur : Le mètre cube est estimé, savoir : 1° Avec mortier de chaux grasse et sable du n° 124, quarante-un francs quatre-vingts centimes . . .		41 80
	DÉTAIL.		
	650 briques à 50^{f} 00 le mille (n° 108), compris déchet.	32^{f} 50	
	0^{m} 25 de mortier fin à 11^{f} 00 (n° 124)	2 75	
	Main-d'œuvre et tous faux frais	6 55	
	TOTAL.	41^{f} 80	
	2° Avec mortier de chaux hydraulique et sable du n° 126, quarante-deux francs cinquante centimes .		42 50
	DÉTAIL.		
	Briques et main-d'œuvre comme ci-dessus.	39^{f} 05	
	0^{m} 25 de mortier fin à 13^{f} 80 (n° 126)	3 45	
	TOTAL.	42^{f} 50	
	3° Avec mortier de chaux hydraulique et sable du n° 128, quarante-quatre francs cinq centimes. . .		44 05
	DÉTAIL.		
	Briques et main-d'œuvre comme ci-dessus.	39^{f} 05	
	0^{m} 25 de mortier fin à 20^{f} 00 (n° 128)	5 00	
	TOTAL.	44^{f} 05	

NUMÉROS des PRIX.	DÉSIGNATION DES OUVRAGES.	PRIX de L'UNITÉ.
	4° Avec mortier de ciment hydraulique et sable du n° 129, quarante-neuf francs quatre-vingts centimes.	49f 80
	DÉTAIL.	
	650 briques à 50f 00 le mille (n° 108) . . . 32f 50	
	0m 25 de mortier fin à 42f 90 (n° 129) . . . 10 73	
	Main-d'œuvre et tous faux frais . . . 6 57	
	TOTAL . . . 49f 80	
	5° Avec mortier de ciment hydraulique de Portland et sable du n° 131, cinquante-un francs soixante centimes	51 60
	DÉTAIL.	
	650 briques à 50f 00 le mille (n° 108) . . . 32f 50	
	0m 25 de mortier fin à 50f 25 (n° 131) . . . 12 56	
	Main-d'œuvre et tous faux frais . . . 6 54	
	TOTAL . . . 51f 60	
	6° Avec plâtre, quarante-sept francs	47 00
	DÉTAIL.	
	650 briques à 50f 00 le mille (n° 108) . . . 32f 50	
	0m 20 de plâtre à 40f 00 (n° 71) . . . 8 00	
	Main-d'œuvre et tous faux frais . . . 6 50	
	TOTAL . . . 47f 00	
177.	*Maçonnerie* de brique grésée du n° 109, pour murs, cloisons, etc., au-dessus de 0m 22 d'épaisseur : Le mètre cube est estimé, savoir :	
	1° Avec mortier de chaux grasse et sable du n° 124, trente-sept francs quatre-vingt-dix centimes.	37 90
	DÉTAIL.	
	650 briques à 44f 00 le mille (n° 109) compris déchet . . . 28f 60	
	0m 25 de mortier fin à 11f 00 (n° 124) . . . 2 75	
	Main-d'œuvre et tous faux frais . . . 6 55	
	TOTAL . . . 37f 90	
	2° Avec mortier de chaux hydraulique et sable du n° 126, trente-huit francs soixante centimes	38 60
	DÉTAIL.	
	Briques et main-d'œuvre comme ci-dessus . . . 35f 15	
	0m 25 de mortier fin à 13f 80 (n° 126) . . . 3 45	
	TOTAL . . . 38f 60	

NUMÉROS des PRIX.	DÉSIGNATION DES OUVRAGES.		PRIX de L'UNITÉ.
	3° Avec mortier de chaux hydraulique et sable du n° 128, quarante francs quinze centimes.		40f 15
	DÉTAIL.		
	Briques et main-d'œuvre comme ci-dessus.	35f 15	
	0m 25 de mortier fin à 20f 00 (n° 128).	5 00	
	Total.	40f 15	
	4° Avec mortier de ciment hydraulique et sable du n° 129, quarante-cinq francs quatre-vingt-dix centimes.		45 90
	DÉTAIL.		
	650 briques à 44f 00 le mille (n° 109)	28f 60	
	0m 25 de mortier fin à 42f 90 (n° 129)	10 73	
	Main-d'œuvre et tous faux frais	6 57	
	Total.	45f 90	
	5° Avec mortier de ciment hydraulique de Portland et sable du n° 131, quarante-sept francs soixante-dix centimes.		47 70
	DÉTAIL.		
	650 briques à 44f 00 le mille (n° 109)	28f 60	
	0m 25 de mortier fin à 50f 25 (n° 131).	12 56	
	Main-d'œuvre et tous faux frais	6 54	
	Total.	47f 70	
	6° Avec plâtre, quarante-trois francs dix centimes.		43 10
	DÉTAIL.		
	650 briques à 44f 00 le mille (n° 109)	28f 60	
	0m 20 de plâtre à 40f 00 (n° 71).	8 00	
	Main-d'œuvre et tous faux frais	6 50	
	Total.	43f 10	
178.	*Maçonnerie* de brique grésée du n° 110, pour murs, cloisons, etc., au-dessus de 0m 22 d'épaisseur : Le mètre cube est estimé, savoir : 1° Avec mortier de chaux grasse et sable du n° 124, trente-six francs soixante centimes.		36 60
	DÉTAIL.		
	650 briques à 42f 00 le mille (n° 110) compris déchet.	27f 30	
	0m 25 de mortier fin à 11f 00 (n° 124).	2 75	
	Main-d'œuvre et tous faux frais	6 55	
	Total.	36f 60	

NUMÉROS des PRIX.	DÉSIGNATION DES OUVRAGES.		PRIX de L'UNITÉ.
	2° Avec mortier de chaux hydraulique et sable du n° 126, trente-sept francs trente centimes.		37f 30
	DÉTAIL.		
	Briques et main-d'œuvre comme ci-dessus.	33f 85	
	0m 25 de mortier fin à 13f 80 (n° 126)	3 45	
	TOTAL.	37f 30	
	3° Avec mortier de chaux hydraulique et sable du n° 128, trente-huit francs quatre-vingt-cinq centimes		38 85
	DÉTAIL.		
	Briques et main-d'œuvre comme ci-dessus.	33f 85	
	0m 25 de mortier fin à 20f 00 (n° 128)	5 00	
	TOTAL.	38f 85	
	4° Avec mortier de ciment hydraulique et sable du n° 129, quarante-quatre francs soixante centimes .		44 60
	DÉTAIL.		
	650 briques à 42f 00 le mille (n° 110)	27f 30	
	0m 25 de mortier fin à 42f 90 (n° 129)	10 73	
	Main-d'œuvre et tous faux frais	6 57	
	TOTAL.	44f 60	
	5° Avec mortier de ciment hydraulique de Portland et sable du n° 131, quarante-six francs quarante centimes.		46 40
	DÉTAIL.		
	650 briques à 42f 00 le mille (n° 110)	27f 30	
	0m 25 de mortier fin à 50f 25 (n° 131)	12 56	
	Main-d'œuvre et tous faux frais	6 54	
	TOTAL.	46f 40	
	6° Avec plâtre, quarante-deux francs dix centimes		42 10
	DÉTAIL.		
	655 briques à 42f 00 le mille (n° 110)	27f 50	
	0m 20 de plâtre à 40f 00 (n° 71).	8 00	
	Main-d'œuvre et tous faux frais	6 59	
	TOTAL.	42f 10	

NUMÉROS des PRIX.	DÉSIGNATION DES OUVRAGES.	PRIX de L'UNITÉ.
179.	*Maçonnerie* de brique ordinaire du n° 111, pour murs, cloisons, etc., au-dessus de 0m 22 d'épaisseur :	
	Le mètre cube est estimé, savoir :	
	1° Avec mortier de chaux grasse et sable du n° 124, trente-cinq francs trente centimes.	35f 30
	DÉTAIL.	
	650 briques à 40f 00 le mille (n° 111) compris déchet 26f 00	
	0m 25 de mortier fin à 11f 00 (n° 124) 2 75	
	Main-d'œuvre et tous faux frais 6 55	
	TOTAL. 35f 30	
	2° Avec mortier de chaux hydraulique et sable du n° 126, trente-six francs.	36 00
	DÉTAIL.	
	Briques et main-d'œuvre comme ci-dessus. 32f 55	
	0m 25 de mortier fin à 13f 80 (n° 126) 3 45	
	TOTAL. 36f 00	
	3° Avec mortier de chaux hydraulique et sable du n° 128, trente-sept francs cinquante-cinq centimes.	37 55
	DÉTAIL.	
	Briques et main-d'œuvre comme ci-dessus. 32f 55	
	0m 25 de mortier fin à 20f 00 (n° 128). 5 00	
	TOTAL. 37f 55	
	4° Avec mortier de ciment hydraulique et sable du n° 129, quarante-trois francs trente centimes . . .	43 30
	DÉTAIL.	
	650 briques à 40f 00 le mille (n° 111). 26f 00	
	0m 25 de mortier fin à 42f 90 (n° 129) 10 73	
	Main-d'œuvre et tous faux frais 6 57	
	TOTAL. 43f 30	
	5° Avec mortier de ciment hydraulique de Portland et sable du n° 131, quarante-cinq francs dix centimes.	45 10
	DÉTAIL.	
	650 briques à 40f 00 le mille (n° 111) 26f 00	
	0m 25 de mortier fin à 50f 25 (n° 131). 12 56	
	Main-d'œuvre et tous faux frais 6 54	
	TOTAL. 45f 10	

NUMÉROS des PRIX.	DÉSIGNATION DES OUVRAGES.		PRIX de L'UNITÉ.
	6° Avec plâtre, quarante francs soixante-dix centimes		40f 70
	DÉTAIL.		
	655 briques à 40f 00 le mille (n° 111)	26f 20	
	0m 20 de plâtre à 40f 00 (n° 71)	8 00	
	Main-d'œuvre et tous faux frais	6 50	
	TOTAL	40f 70	
180.	*Maçonnerie* de brique ordinaire du n° 112, pour murs, cloisons, etc., au-dessus de 0m 225 d'épaisseur, employée dans les parties courbes :		
	Le mètre cube est estimé, savoir :		
	1° Avec mortier de chaux grasse et sable du n° 124, trente-trois francs trente-cinq centimes		33 35
	DÉTAIL.		
	650 briques à 37f 00 le mille (n° 112), compris déchet	24f 05	
	0m 25 de mortier fin à 11f 00 (n° 124)	2 75	
	Main-d'œuvre et tous faux frais	6 55	
	TOTAL	33f 35	
	2° Avec mortier de chaux hydraulique et sable du n° 126, trente-quatre francs cinq centimes		34 05
	DÉTAIL.		
	Briques et main-d'œuvre comme ci-dessus	30f 60	
	0m 25 de mortier fin à 13f 80 (n° 126)	3 45	
	TOTAL	34f 05	
	3° Avec mortier de chaux hydraulique et sable du n° 128, trente-cinq francs soixante centimes		35 60
	DÉTAIL.		
	Briques et main-d'œuvre comme ci-dessus	30f 60	
	0m 25 de mortier fin à 20f 00 (n° 128)	5 00	
	TOTAL	35f 60	
	4° Avec mortier de ciment hydraulique et sable du n° 129, quarante-un francs trente centimes		41 30
	DÉTAIL.		
	650 briques à 37f 00 le mille (n° 112)	24f 05	
	0m 25 de mortier fin à 42f 90 (n° 129)	10 73	
	Main-d'œuvre et tous faux frais	6 52	
	TOTAL	41f 30	

NUMÉROS des PRIX.	DESIGNATION DES OUVRAGES.	PRIX de L'UNITÉ.
	5° Avec mortier de ciment hydraulique de Portland et sable du n° 131, quarante-trois francs vingt centimes.	43f 20
	DÉTAIL.	
	650 briques à 37f 00 le mille (n° 112) . . . 24f 05	
	0m 25 de mortier fin à 50f 25 (n° 131) . . . 12 56	
	Main-d'œuvre et tous faux frais . . . 6 59	
	Total . . . 43f 20	
	6° Avec plâtre, trente-huit francs quatre-vingts centimes	38 80
	DÉTAIL.	
	655 briques à 37f 00 le mille (n° 112) . . . 24f 24	
	0m 20 de plâtre à 40f 00 (n° 71) . . . 8 00	
	Main-d'œuvre et tous faux frais . . . 6 56	
	Total . . . 38f 80	
181.	*Maçonnerie* de brique percée du n° 115, pour murs, cloisons, etc., au-dessus de 0m 22 d'épaisseur : Le mètre cube est estimé, savoir :	
	1° Avec mortier de chaux grasse et sable du n° 124, trente-six francs cinq centimes	36 05
	DÉTAIL.	
	650 briques à 42f 00 le mille (n° 113) . . . 27f 30	
	0m 25 de mortier fin à 11f 00 (n° 124) . . . 2 75	
	Main-d'œuvre et tous faux frais . . . 6 00	
	Total . . . 36f 05	
	2° Avec mortier de chaux hydraulique et sable du n° 126, trente-six francs soixante-quinze centimes.	36 75
	DÉTAIL.	
	Briques et main-d'œuvre comme ci-dessus . . . 33f 30	
	0m 25 de mortier fin à 13f 80 (n° 126) . . . 3 45	
	Total . . . 36f 75	
	3° Avec mortier de chaux hydraulique et sable du n° 128, trente-huit francs trente centimes.	38 30
	DÉTAIL.	
	Briques et main-d'œuvre comme ci-dessus . . . 33f 30	
	0m 25 de mortier fin à 20f 00 (n° 128) . . . 5 00	
	Total . . . 38f 30	

NUMÉROS des PRIX.	DÉSIGNATION DES OUVRAGES.		PRIX de L'UNITÉ.
	4° Avec mortier de ciment hydraulique et sable du n° 129, quarante-quatre francs dix centimes. . . .		44^{f} 10
	DÉTAIL.		
	650 briques à 42^{f} 00 le mille (n° 113).	27^{f} 30	
	0^{m} 25 de mortier fin à 42^{f} 90 (n° 129)	10 73	
	Main-d'œuvre et tous faux frais	6 07	
	TOTAL.	44^{f} 10	
	5° Avec mortier de ciment hydraulique de Portland et sable du n° 131, quarante-cinq francs quatre-vingt-dix centimes.		45 90
	DÉTAIL.		
	650 briques à 42^{f} 00 le mille (n° 113)	27^{f} 30	
	0^{m} 25 de mortier fin à 50^{f} 25 (n° 131)	12 56	
	Main-d'œuvre et tous faux frais	6 04	
	TOTAL.	45^{f} 90	
	6° Avec plâtre, quarante francs trente centimes.		40 30
	DÉTAIL.		
	650 briques à 42^{f} 00 le mille (n° 113)	27^{f} 30	
	0^{m} 20 de plâtre à 40^{f} 00 (n° 71)	8 00	
	Main-d'œuvre et tous faux frais	5 00	
	TOTAL.	40^{f} 30	
182.	*Maçonnerie* de brique percée du n° 114, pour cloisons, murs, etc., au-dessus de 0^{m} 22 d'épaisseur :		
	Le mètre cube est estimé, savoir :		
	1° Avec mortier de chaux grasse et sable du n° 124, trente-cinq francs soixante-quinze centimes . . .		35 75
	DÉTAIL		
	325 briques à 86^{f} 00 le mille (n° 114)	27^{f} 95	
	0^{m} 30 de mortier fin à 11^{f} 00 (n° 124)	3 30	
	Main-d'œuvre et tous faux frais.	4 50	
	TOTAL.	35^{f} 75	
	2° Avec mortier de chaux hydraulique et sable du n° 126, trente-six francs cinquante-neuf centimes		36 59
	DÉTAIL.		
	Briques et main-d'œuvre comme ci-dessus.	32^{f} 45	
	0^{m} 30 de mortier fin à 13^{f} 80 (n° 126)	4 14	
	TOTAL.	36^{f} 59	

NUMÉROS des PRIX.	DÉSIGNATION DES OUVRAGES.	PRIX de L'UNITÉ.
	3° Avec mortier de chaux hydraulique et sable du n° 128, trente-huit francs quarante-cinq centimes.	38f 45
	DÉTAIL.	
	Briques et main-d'œuvre comme ci-dessus. 32f 45	
	0m 30 de mortier fin à 20f 00 (n° 128) 6 00	
	TOTAL. 38f 45	
	4° Avec mortier de ciment hydraulique et sable du n° 129, quarante-cinq francs trente-deux centimes.	45 32
	DÉTAIL.	
	325 briques à 86f 00 le mille (n° 114) 27f 95	
	0m 30 de mortier fin à 42f 90 (n° 129) 12 87	
	Main-d'œuvre et tous faux frais 4 50	
	TOTAL. 45f 32	
	5° Avec mortier de ciment hydraulique de Portland et sable du n° 131, quarante-sept francs soixante centimes	47 60
	DÉTAIL.	
	325 briques à 86f 00 le mille (n° 114) 27f 95	
	0m 30 de mortier fin à 50f 25 (n° 131) 15 08	
	Main-d'œuvre et tous faux frais 4 57	
	TOTAL. 47f 60	
	6° Avec plâtre, quarante-deux francs cinquante centimes	42 50
	DÉTAIL.	
	325 briques à 86f 00 le mille (n° 114) 27f 95	
	0m 25 de plâtre à 40f 00 (n° 71) 10 00	
	Main-d'œuvre et tous faux frais 4 55	
	TOTAL. 42f 50	
183.	*Cloison* de 0m 22 d'épaisseur en brique de Bourgogne ordinaire du n° 106 :	
	Le mètre superficiel est estimé, savoir :	
	1° Avec mortier de chaux grasse et sable du n° 124, dix-neuf francs quarante centimes	19 40
	DÉTAIL.	
	140 briques à 120f 00 le mille (n° 106). 16f 80	
	0m 055 de mortier fin à 11f 00 (n° 124). 0 60	
	Main-d'œuvre et tous faux frais 2 00	
	TOTAL. 19f 40	

NUMÉROS des PRIX.	DÉSIGNATION DES OUVRAGES.		PRIX de L'UNITÉ.
	2° Avec mortier de chaux hydraulique et sable du n° 126, dix-neuf francs cinquante-cinq centimes . .		19f 55
	DÉTAIL.		
	Briques et main-d'œuvre comme ci-dessus.	18f 80	
	0m 055 de mortier fin à 13f 80 (n° 126).	0 75	
	TOTAL.	19f 55	
	3° Avec mortier de chaux hydraulique et sable du n° 128, dix-neuf francs quatre-vingt-dix centimes		19 90
	DÉTAIL.		
	Briques et main-d'œuvre comme ci-dessus.	18f 80	
	0m 055 de mortier fin à 20f 00 (n° 128)	1 10	
	TOTAL.	19f 90	
	4° Avec mortier de ciment hydraulique et sable du n° 129, vingt-un francs vingt centimes		21 20
	DÉTAIL.		
	140 briques à 120f 00 le mille (n° 106).	16f 80	
	0m 055 de mortier fin à 42f 00 (n° 129).	2 36	
	Main-d'œuvre et tous faux frais	2 04	
	TOTAL.	21f 20	
	5° Avec mortier de ciment hydraulique de Portland et sable du n° 131, vingt-un francs soixante centimes.		21 60
	DÉTAIL.		
	140 briques à 120f 00 le mille (n° 106).	16f 80	
	0m 055 de mortier fin à 50f 25 (n° 131).	2 76	
	Main-d'œuvre et tous faux frais	2 04	
	TOTAL.	21f 60	
	6° Avec plâtre, vingt-un francs vingt centimes		21 20
	DÉTAIL.		
	145 briques à 120f 00 le mille (n° 106	17f 40	
	0m 045 de plâtre à 40f 00 (n° 71)	1 80	
	Main-d'œuvre et tous faux frais	2 00	
	TOTAL.	21f 20	

NUMÉROS des PRIX.	DÉSIGNATION DES OUVRAGES.	PRIX de L'UNITÉ.
184.	*Cloison* de 0m 22 d'épaisseur, en brique de Bourgogne réfractaire du n° 107 : Le mètre superficiel est estimé, savoir : 1° Avec mortier de chaux grasse et sable du n° 124, vingt francs quatre-vingts centimes.	20f 80
	DÉTAIL.	
	140 briques à 130f 00 le mille (n° 107). 18f 20	
	0m 055 de mortier fin à 11f 00 (n° 124). 0 60	
	Main-d'œuvre et tous faux frais 2 00	
	TOTAL. 20f 80	
	2° Avec mortier de chaux hydraulique et sable du n° 126, vingt francs quatre-vingt-quinze centimes	20 95
	DÉTAIL.	
	Briques et main-d'œuvre comme ci-dessus 20f 20	
	0m 055 de mortier fin à 13f 80 (n° 126). 0 75	
	TOTAL. 20f 95	
	3° Avec mortier de chaux hydraulique et sable du n° 128, vingt-un francs trente centimes	21 30
	DÉTAIL.	
	Briques et main-d'œuvre comme ci-dessus 20f 20	
	0m 055 de mortier fin à 20f 00 (n° 128). 1 10	
	TOTAL. 21f 30	
	4° Avec mortier de ciment hydraulique et sable du n° 129, vingt-deux francs soixante centimes. . . .	22 60
	DÉTAIL.	
	140 briques à 130f 00 le mille (n° 107). 18f 20	
	0m 055 de mortier fin à 42f 90 (n° 129). 2 36	
	Main-d'œuvre et tous faux frais 2 04	
	TOTAL. 22f 60	
	5° Avec mortier de ciment hydraulique de Portland et sable du n° 131, vingt-trois francs	23 00
	DÉTAIL.	
	140 briques à 130f 00 le mille (n° 107). 18f 20	
	0m 055 de mortier fin à 50f 25 (n° 131). 2 76	
	Main-d'œuvre et tous faux frais 2 04	
	TOTAL. 23f 00	

NUMÉROS des PRIX.	DÉSIGNATION DES OUVRAGES.		PRIX de L'UNITÉ.
	6° Avec plâtre, vingt-deux francs soixante-cinq centimes.		22f 65
	DÉTAIL.		
	145 briques à 130f 00 le mille (n° 107).	18f 85	
	0m 045 de plâtre à 40f 00 (n° 71)	1 80	
	Main-d'œuvre et tous faux frais	2 00	
	TOTAL.	22f 65	
185.	*Cloison* de 0m 22 d'épaisseur, en brique réfractaire du n° 108 :		
	Le mètre superficiel est estimé, savoir :		
	1° Avec mortier de chaux grasse et sable du n° 124, neuf francs soixante-dix centimes.		9 70
	DÉTAIL.		
	140 briques à 50f 00 le mille (n° 108) compris déchet	7f 00	
	0m 055 de mortier fin à 11f 00 (n° 124).	0 61	
	Main-d'œuvre et tous faux frais	2 09	
	TOTAL.	9f 70	
	2° Avec mortier de chaux hydraulique et sable du n° 126, neuf francs quatre-vingt-cinq centimes. .		9 85
	DÉTAIL.		
	Briques et main-d'œuvre comme ci-dessus.	9f 09	
	0m 055 de mortier fin à 13f 80 (n° 126).	0 76	
	TOTAL.	9f 85	
	3° Avec mortier de chaux hydraulique et sable du n° 128, dix francs vingt centimes.		10 20
	DÉTAIL.		
	Briques et main-d'œuvre comme ci-dessus.	9f 09	
	0m 055 de mortier fin à 20f 00 (n° 128)	1 10	
	TOTAL.	10f 19	
	4° Avec mortier de ciment hydraulique et sable du n° 129, onze francs quarante centimes.		11 40
	DÉTAIL.		
	140 briques à 50f 00 le mille (n° 108)	7f 00	
	0m 055 de mortier fin à 42f 90 (n° 129).	2 36	
	Main-d'œuvre et tous faux frais	2 04	
	TOTAL.	11f 40	

NUMÉROS des PRIX.	DÉSIGNATION DES OUVRAGES.		PRIX de L'UNITÉ.
	5° Avec mortier de ciment hydraulique de Portland et sable du n° 131, onze francs quatre-vingts centimes		11f 80
	DÉTAIL.		
	140 briques à 50f 00 le mille (n° 108)	7f 00	
	0m 055 de mortier fin à 50f 25 (n° 131).	2 76	
	Main-d'œuvre et tous faux frais	2 04	
	TOTAL.	11f 80	
	6° Avec plâtre, onze francs dix centimes		11 10
	DÉTAIL.		
	145 briques à 50f 00 le mille (n° 108)	7f 25	
	0m 045 de plâtre à 40f 00 (n° 71).	1 80	
	Main-d'œuvre et tous faux frais	2 05	
	TOTAL.	11f 10	
186.	*Cloison* de 0m 22 d'épaisseur, en brique grésée du n° 109 : Le mètre superficiel est estimé, savoir : 1° Avec mortier de chaux grasse et sable du n° 124, huit francs quatre-vingts centimes		8 80
	DÉTAIL.		
	140 briques à 44f 00 le mille (n° 109) compris déchet	6f 16	
	0m 055 de mortier fin à 11f 00 (n° 124).	0 60	
	Main-d'œuvre et tous faux frais	2 04	
	TOTAL.	8f 80	
	2° Avec mortier de chaux hydraulique et sable du n° 126, huit francs quatre-vingt-quinze centimes .		8 95
	DÉTAIL.		
	Briques et main-d'œuvre comme ci-dessus.	8f 20	
	0m 055 de mortier fin à 13f 80 (n° 126).	0 75	
	TOTAL.	8f 95	
	3° Avec mortier de chaux hydraulique et sable du n° 128, neuf francs trente centimes		9 30
	DÉTAIL.		
	Briques et main-d'œuvre comme ci-dessus.	8f 20	
	0m 055 de mortier fin à 20f 00 (n° 128).	1 10	
	TOTAL.	9f 30	

NUMÉROS des PRIX.	DÉSIGNATION DES OUVRAGES.		PRIX de L'UNITÉ.
	4° Avec mortier de ciment hydraulique et sable du n° 129, dix francs soixante centimes.		10^{f} 60
	DÉTAIL.		
	140 briques à 44^{f} 00 le mille (n° 109)	6^{f} 16	
	0^{m} 055 de mortier fin à 42^{f} 90 (n° 129).	2 36	
	Main-d'œuvre et tous faux frais	2 08	
	TOTAL.	10^{f} 60	
	5° Avec mortier de ciment hydraulique de Portland et sable du n° 131, onze francs		11 00
	DÉTAIL.		
	140 briques à 44^{f} 00 le mille (n° 109)	6^{f} 16	
	0^{m} 055 de mortier fin à 50^{f} 25 (n° 131).	2 76	
	Main-d'œuvre et tous faux frais	2 08	
	TOTAL.	11^{f} 00	
	6° Avec plâtre, dix francs vingt centimes		10 20
	DÉTAIL.		
	145 briques à 44^{f} 00 le mille (n° 109)	6^{f} 38	
	0^{m} 045 de plâtre à 40^{f} 00 (n° 71)	1 80	
	Main-d'œuvre et tous faux frais	2 02	
	TOTAL.	10^{f} 20	
187.	*Cloison* de 0^{m} 22 d'épaisseur, en brique grésée du n° 110 : Le mètre superficiel est estimé, savoir : 1° Avec mortier de chaux grasse et sable du n° 124, huit francs cinquante centimes.		8 50
	DÉTAIL.		
	140 briques à 42^{f} 00 le mille (n° 110) compris déchet	5^{f} 88	
	0^{m} 055 de mortier fin à 11^{f} 00 (n° 124).	0 60	
	Main-d'œuvre et tous faux frais	2 02	
	TOTAL.	8^{f} 50	
	2° Avec mortier de chaux hydraulique et sable du n° 126, huit francs soixante-cinq centimes.		8 65
	DÉTAIL.		
	Briques et main-d'œuvre comme ci-dessus	7^{f} 90	
	0^{m} 055 de mortier fin à 13^{f} 80 (n° 126).	0 75	
	TOTAL.	8^{f} 65	

NUMÉROS des PRIX.	DÉSIGNATION DES OUVRAGES.	PRIX de L'UNITÉ.
	3° Avec mortier de chaux hydraulique et sable du n° 128, neuf francs	9f 00

DÉTAIL.

Briques et main-d'œuvre comme ci-dessus.	7f 90
0m 055 de mortier fin à 20f 00 (n° 128).	1 10
Total.	9f 00

	4° Avec mortier de ciment hydraulique et sable du n° 129, dix francs trente centimes	10 30

DÉTAIL.

140 briques à 42f 00 le mille (n° 110).	5f 88
0m 055 de mortier fin à 42f 90 (n° 129	2 36
Main-d'œuvre et tous faux frais	2 06
Total.	10f 30

	5° Avec mortier de ciment hydraulique de Portland et sable du n° 131, dix francs soixante-dix centimes.	10 70

DÉTAIL.

140 briques à 42f 00 le mille (n° 110)	5f 88
0m 055 de mortier fin à 50f 25 (n° 131).	2 76
Main-d'œuvre et tous faux frais	2 06
Total.	10f 70

	6° Avec plâtre, neuf francs quatre-vingt-quinze centimes.	9 95

DÉTAIL.

145 briques à 42f 00 le mille (n° 110)	6f 09
0m 045 de plâtre à 40f 00 (n° 71).	1 80
Main-d'œuvre et tous faux frais	2 06
Total.	9f 95

188.	*Cloison* de 0m 22 d'épaisseur, en brique ordinaire du n° 111 : Le mètre superficiel est estimé, savoir : 1° Avec mortier de chaux grasse et sable du n° 124, huit francs vingt-cinq centimes	8 25

DÉTAIL.

140 briques à 40f 00 le mille (n° 111) compris déchet	5f 60
0m 055 de mortier fin à 11f 00 (n° 124.	0 60
Main-d'œuvre et tous faux frais	2 05
Total.	8f 25

NUMÉROS des PRIX.	DÉSIGNATION DES OUVRAGES.	PRIX de L'UNITÉ.
	2° Avec mortier de chaux hydraulique et sable du n° 126, huit francs quarante centimes	8f 40
	DÉTAIL.	
	Briques et main-d'œuvre comme ci-dessus. 7f 65	
	0m 055 de mortier fin à 13f 80 (n° 126). 0 75	
	Total. 8f 40	
	3° Avec mortier de chaux hydraulique et sable du n° 128, huit francs soixante-quinze centimes. . . .	8 75
	DÉTAIL.	
	Briques et main-d'œuvre comme ci-dessus. 7f 65	
	0m 055 de mortier fin à 20f 00 (n° 128). 1 10	
	Total. 8f 75	
	4° Avec mortier de ciment hydraulique et sable du n° 129, dix francs.	10 00
	DÉTAIL.	
	140 briques à 40f 00 le mille (n° 111) 5f 60	
	0m 055 de mortier fin à 42f 90 (n° 129). 2 36	
	Main-d'œuvre et tous faux frais 2 04	
	Total. 10f 00	
	5° Avec mortier de ciment hydraulique de Portland et sable du n° 131, dix francs quarante centimes.	10 40
	DÉTAIL.	
	140 briques à 40f 00 le mille (n° 111) 5f 60	
	0m 055 de mortier fin à 50f 25 (n° 131). 2 76	
	Main-d'œuvre et tous faux frais 2 04	
	Total. 10f 40	
	6° Avec plâtre, neuf francs soixante centimes.	9 60
	DÉTAIL.	
	145 briques à 40f 00 le mille (n° 111) 5f 80	
	0m 045 de plâtre à 40f 00 (n° 71). 1 80	
	Main-d'œuvre et tous faux frais 2 00	
	Total. 9f 60	

NUMÉROS des PRIX.	DÉSIGNATION DES OUVRAGES.	PRIX de L'UNITÉ.
189.	*Cloison* de 0m 22 d'épaisseur, en brique ordinaire du n° 112 : Le mètre superficiel est estimé, savoir :	
	1° Avec mortier de chaux grasse et sable du n° 124, sept francs quatre-vingts centimes	7f 80
	DÉTAIL.	
	140 briques à 37f 00 le mille (n° 112) compris déchet. 5f 18	
	0m 055 de mortier fin à 11f 00 (n° 124). 0 60	
	Main-d'œuvre et tous faux frais 2 02	
	TOTAL. 7f 80	
	2° Avec mortier de chaux hydraulique et sable du n° 126, sept francs quatre-vingt-quinze centimes. .	7 95
	DÉTAIL.	
	Briques et main-d'œuvre comme ci-dessus. 7f 20	
	0m 055 de mortier fin à 13f 80 (n° 126). 0 75	
	TOTAL. 7f 95	
	3° Avec mortier de chaux hydraulique et sable du n° 128, huit francs trente centimes.	8 30
	DÉTAIL.	
	Briques et main-d'œuvre comme ci-dessus. 7f 20	
	0m 055 de mortier fin à 20f 00 (n° 128). 1 10	
	TOTAL. 8f 30	
	4° Avec mortier de ciment hydraulique et sable du n° 129, neuf francs soixante centimes.	9 60
	DÉTAIL.	
	140 briques à 37f 00 le mille (n° 112) 5f 18	
	0m 055 de mortier fin à 42f 90 (n° 129). 2 36	
	Main-d'œuvre et tous faux frais 2 06	
	TOTAL. 9f 60	
	5° Avec mortier de ciment hydraulique de Portland et sable du n° 131, dix francs	10 00
	DÉTAIL.	
	140 briques à 37f 00 le mille (n° 112) 5f 18	
	0m 055 de mortier fin à 50f 25 (n° 131). 2 76	
	Main-d'œuvre et tous faux frais 2 06	
	TOTAL. 10f 00	

NUMÉROS des PRIX.	DÉSIGNATION DES OUVRAGES.		PRIX de L'UNITÉ.
	6° Avec plâtre, neuf francs vingt centimes.		9f 20
	DÉTAIL.		
	145 briques à 37f 00 le mille (n° 112)	5f 37	
	0m 045 de plâtre à 40f 00 (n° 71)	1 80	
	Main-d'œuvre et tous faux frais	2 03	
	TOTAL	9f 20	
190.	*Cloison* de 0m 22 d'épaisseur, en brique percée du n° 115 :		
	Le mètre superficiel est estimé, savoir :		
	1° Avec mortier de chaux grasse et sable du n° 124, huit francs quarante centimes		8 40
	DÉTAIL.		
	140 briques à 42f 00 le mille (n° 113)	5f 88	
	0m 055 de mortier fin à 11f 00 (n° 124)	0 60	
	Main-d'œuvre et tous faux frais	1 92	
	TOTAL	8f 40	
	2° Avec mortier de chaux hydraulique et sable du n° 126, huit francs cinquante-cinq centimes		8 55
	DÉTAIL.		
	Briques et main-d'œuvre comme ci-dessus	7f 80	
	0m 055 de mortier fin à 13f 80 (n° 124)	0 75	
	TOTAL	8f 55	
	3° Avec mortier de chaux hydraulique et sable du n° 128, huit francs quatre-vingt-dix centimes		8 90
	DÉTAIL.		
	Briques et main-d'œuvre comme ci-dessus	7f 80	
	0m 055 de mortier fin à 20f 00 (n° 128)	1 10	
	TOTAL	8f 90	
	4° Avec mortier de ciment hydraulique et sable du n° 129, dix francs vingt centimes		10 20
	DÉTAIL.		
	140 briques à 42f 00 le mille (n° 113)	5f 88	
	0m 055 de mortier fin à 42f 90 (n° 129)	2 36	
	Main-d'œuvre et tous faux frais	1 96	
	TOTAL	10f 20	

NUMÉROS des PRIX.	DESIGNATION DES OUVRAGES.	PRIX de L'UNITÉ.
	5° Avec mortier de ciment hydraulique de Portland et sable du n° 131, dix francs soixante centimes	10f 60

DÉTAIL.

140 briques à 42f 00 le mille (n° 113)	5f 88
0m 055 de mortier fin à 50f 25 (n° 131).	2 76
Main-d'œuvre et tous faux frais	1 96
TOTAL.	10f 60

NUMÉROS des PRIX.	DESIGNATION DES OUVRAGES.	PRIX de L'UNITÉ.
	6° Avec plâtre, neuf francs quatre-vingts centimes.	9 80

DÉTAIL.

145 briques à 42f 00 le mille (n° 113)	6f 09
0m 045 de plâtre à 40f 00 (n° 71)	1 80
Main-d'œuvre et tous faux frais	1 91
TOTAL.	9f 80

NUMÉROS des PRIX.	DESIGNATION DES OUVRAGES.	PRIX de L'UNITÉ.
191.	*Cloison* de 0m 22 d'épaisseur, en brique percée du n° 114 : Le mètre superficiel est estimé, savoir :	
	1° Avec mortier de chaux grasse et sable du n° 124, huit francs cinquante centimes.	8 50

DÉTAIL.

70 briques à 86f 00 le mille (n° 114)	6f 02
0m 055 de mortier fin à 11f 00 (n° 124)	0 60
Main-d'œuvre et tous faux frais	1 88
TOTAL.	8f 50

NUMÉROS des PRIX.	DESIGNATION DES OUVRAGES.	PRIX de L'UNITÉ.
	2° Avec mortier de chaux hydraulique et sable du n° 126, huit francs soixante-cinq centimes	8 65

DÉTAIL.

Briques et main-d'œuvre comme ci-dessus.	7f 90
0m 055 de mortier fin à 13f 80 (n° 126).	0 75
TOTAL.	8f 65

NUMÉROS des PRIX.	DESIGNATION DES OUVRAGES.	PRIX de L'UNITÉ.
	3° Avec mortier de chaux hydraulique et sable du n° 128, neuf francs.	9 00

DÉTAIL.

Briques et main-d'œuvre comme ci-dessus.	7f 90
0m 055 de mortier fin à 20f 00 (n° 128).	1 10
TOTAL.	9f 00

NUMÉROS des PRIX.	DÉSIGNATION DES OUVRAGES.		PRIX de L'UNITÉ.
	4° Avec mortier de ciment hydraulique et sable du n° 129, dix francs trente centimes		10f 30
	DÉTAIL.		
	70 briques à 86f 00 le mille (n° 114)	6f 02	
	0m 055 de mortier fin à 42f 90 (n° 129).	2 36	
	Main-d'œuvre et tous faux frais	1 92	
	TOTAL.	10f 30	
	5° Avec mortier de ciment hydraulique de Portland et sable du n° 131, dix francs soixante-dix centimes.		10 70
	DÉTAIL.		
	70 briques à 86f 00 le mille (n° 114)	6f 02	
	0m 055 de mortier fin à 50f 25 (n° 131).	2 76	
	Main-d'œuvre et tous faux frais	1 92	
	TOTAL.	10f 70	
	6° Avec plâtre, dix francs vingt centimes		10 20
	DÉTAIL.		
	75 briques à 86f 00 le mille (n° 114)	6f 45	
	0m 045 de plâtre à 40f 00 (n° 71).	1 80	
	Main-d'œuvre et tous faux frais	1 95	
	TOTAL.	10f 20	
192.	*Cloison* de 0m 11 d'épaisseur, en brique de Bourgogne ordinaire du n° 106 : Le mètre superficiel est estimé, savoir : 1° Avec mortier de chaux grasse et sable du n° 124, dix francs vingt centimes.		10 20
	DÉTAIL		
	70 briques à 120f 00 le mille (n° 106)	8f 40	
	0m 025 de mortier fin à 11f 00 (n° 124).	0 28	
	Main-d'œuvre et tous faux frais.	1 52	
	TOTAL.	10f 20	
	2° Avec mortier de chaux hydraulique et sable du n° 126, dix francs vingt-sept centimes.		10 27
	DÉTAIL.		
	Briques et main-d'œuvre comme ci-dessus.	9f 92	
	0m 025 de mortier fin à 13f 80 (n° 126	0 35	
	TOTAL.	10f 27	

NUMÉROS des PRIX.	DÉSIGNATION DES OUVRAGES.		PRIX de L'UNITÉ.
	3° Avec mortier de chaux hydraulique et sable du n° 128, dix francs quarante-deux centimes. . . .		10^{f} 42
	DÉTAIL.		
	Briques et main-d'œuvre comme ci-dessus.	9^{f} 92	
	0^{m} 025 de mortier fin à 20^{f} 00 (n° 128).	0 50	
	Total.	10^{f} 42	
	4° Avec mortier de ciment hydraulique et sable du n° 129, onze francs.		11 00
	DÉTAIL.		
	70 briques à 120^{f} 00 le mille (n° 106)	8^{f} 40	
	0^{m} 025 de mortier fin à 42^{f} 90 (n° 129).	1 07	
	Main-d'œuvre et tous faux frais	1 53	
	Total.	11^{f} 00	
	5° Avec mortier de ciment hydraulique de Portland et sable du n° 131, onze francs vingt centimes.		11 20
	DÉTAIL.		
	70 briques à 120^{f} 00 le mille (n° 106)	8^{f} 40	
	0^{m} 025 de mortier fin à 50^{f} 25 (n° 131).	1 26	
	Main-d'œuvre et tous faux frais	1 54	
	Total.	11^{f} 20	
	6° Avec plâtre, dix francs quatre-vingt-dix centimes		10 90
	DÉTAIL.		
	70 briques à 120^{f} 00 le mille (n° 106)	8^{f} 40	
	0^{m} 025 de plâtre à 40^{f} 00 (n° 71).	1 00	
	Main-d'œuvre et tous faux frais	1 50	
	Total.	10^{f} 90	
193.	*Cloison* de 0^{m} 11 d'épaisseur, en de brique Bourgogne réfractaire du n° 107 :		
	Le mètre superficiel est estimé, savoir :		
	1° Avec mortier de chaux grasse et sable du n° 124, dix francs quatre-vingt-dix centimes		10 90
	DÉTAIL.		
	70 briques à 130^{f} 00 le mille (n° 107)	9^{f} 10	
	0^{m} 025 de mortier fin à 11^{f} 00 (n° 124).	0 28	
	Main-d'œuvre et tous faux frais	1 52	
	Total.	10^{f} 90	

NUMÉROS des PRIX.	DÉSIGNATION DES OUVRAGES.	PRIX de L'UNITÉ.
	2° Avec mortier de chaux hydraulique et sable du n° 126, dix francs quatre-vingt-dix-sept centimes . .	10f 97
	DÉTAIL.	
	Briques et main-d'œuvre comme ci-dessus. 10f 62	
	0m 025 de mortier fin à 13f 80 (n° 126). 0 35	
	TOTAL. 10f 97	
	3° Avec mortier de chaux hydraulique et sable du n° 128, onze francs douze centimes.	11 12
	DÉTAIL.	
	Briques et main-d'œuvre comme ci-dessus. 10f 62	
	0m 025 de mortier fin à 20f 00 (n° 128) 0 50	
	TOTAL. 11f 12	
	4° Avec mortier de ciment hydraulique et sable du n° 129, onze francs soixante-dix centimes. . . .	11 70
	DÉTAIL.	
	70 briques à 130f 00 le mille (n° 107) 9f 10	
	0m 025 de mortier fin à 42f 90 (n° 129). 1 07	
	Main-d'œuvre et tous faux frais 1 53	
	TOTAL. 11f 70	
	5° Avec mortier de ciment hydraulique de Portland et sable du n° 131, onze francs quatre-vingt-dix centimes.	11 90
	DÉTAIL.	
	70 briques à 130f 00 le mille (n° 107) 9f 10	
	0m 025 de mortier fin à 50f 25 (n° 131). 1 26	
	Main-d'œuvre et tous faux frais 1 54	
	TOTAL. 11f 90	
	6° Avec plâtre, onze francs soixante centimes	11 60
	DÉTAIL.	
	70 briques à 130f 00 le mille (n° 107) 9f 10	
	0m 025 de plâtre à 40f 00 (n° 71) 1 00	
	Main-d'œuvre et tous faux frais 1 50	
	TOTAL. 11f 60	

NUMÉROS des PRIX.	DÉSIGNATION DES OUVRAGES.		PRIX de L'UNITÉ.
194.	*Cloison* de 0^m 11 d'épaisseur, en brique réfractaire du n° 108 :		
	Le mètre superficiel est estimé, savoir :		
	1° Avec mortier de chaux grasse et sable du n° 124, cinq francs vingt-huit centimes		5^f 28
	DÉTAIL.		
	70 briques à 50^f 00 le mille (n° 108) compris déchet	3^f 50	
	0^m 025 de mortier fin à 11^f 00 (n° 124).	0 28	
	Main-d'œuvre et tous faux frais	1 50	
	TOTAL.	5^f 28	
	2° Avec mortier de chaux hydraulique et sable du n° 126, cinq francs trente-cinq centimes		5 35
	DÉTAIL.		
	Briques et main-d'œuvre comme ci-dessus	5^f 00	
	0^m 025 de mortier fin à 13^f 80 (n° 126).	0 35	
	TOTAL.	5^f 35	
	3° Avec mortier de chaux hydraulique et sable du n° 128, cinq francs cinquante centimes		5 50
	DÉTAIL.		
	Briques et main-d'œuvre comme ci-dessus	5^f 00	
	0^m 025 de mortier fin à 20^f 00 (n° 128).	0 50	
	TOTAL.	5^f 50	
	4° Avec mortier de ciment hydraulique et sable du n° 129, six francs dix centimes.		6 10
	DÉTAIL.		
	70 briques à 50^f 00 le mille (n° 108)	3^f 50	
	0^m 025 de mortier fin à 42^f 90 (n° 129).	1 07	
	Main-d'œuvre et tous faux frais	1 53	
	TOTAL.	6^f 10	
	5° Avec mortier de ciment hydraulique de Portland et sable du n° 131, six francs trente centimes . .		6 30
	DÉTAIL.		
	70 briques à 50^f 00 le mille (n° 108)	3^f 50	
	0^m 025 de mortier fin à 50^f 25 (n° 131).	1 26	
	Main-d'œuvre et tous faux frais	1 54	
	TOTAL.	6^f 30	

NUMÉROS des PRIX.	DÉSIGNATION DES OUVRAGES.		PRIX de L'UNITÉ.
	6° Avec plâtre, six francs cinq centimes.		6f 05
	DÉTAIL.		
	70 briques à 50f 00 le mille (n° 108)	3f 50	
	0m 025 de plâtre à 40f 00 (n° 71)	1 00	
	Main-d'œuvre et tous faux frais	1 55	
	Total.	6f 05	
195.	*Cloison* de 0m 11 d'épaisseur, en brique grésée du n° 109 : Le mètre superficiel est estimé, savoir :		
	1° Avec mortier de chaux grasse et sable du n° 124, quatre francs quatre-vingt-huit centimes.		4 88
	DÉTAIL.		
	70 briques à 44f 00 le mille (n° 109) compris déchet	3f 08	
	0m 025 de mortier fin à 11f 00 (n° 124).	0 28	
	Main-d'œuvre et tous faux frais	1 52	
	Total.	4f 88	
	2° Avec mortier de chaux hydraulique et sable du n° 126, quatre francs quatre-vingt-quinze centimes.		4 95
	DÉTAIL.		
	Briques et main-d'œuvre comme ci-dessus.	4f 60	
	0m 025 de mortier fin à 13f 80 (n° 126).	0 35	
	Total.	4f 95	
	3° Avec mortier de chaux hydraulique et sable du n° 128, cinq francs dix centimes		5 10
	DÉTAIL.		
	Briques et main-d'œuvre comme ci-dessus.	4f 60	
	0m 025 de mortier fin à 20f 00 (n° 128)	0 50	
	Total.	5f 10	
	4° Avec mortier de ciment hydraulique et sable du n° 129, cinq francs soixante-dix centimes		5 70
	DÉTAIL.		
	70 briques à 44f 00 le mille (n° 109)	3f 08	
	0m 025 de mortier fin à 42f 90 (n° 129).	1 07	
	Main-d'œuvre et tous faux frais	1 55	
	Total.	5f 70	

NUMÉROS des PRIX.	DÉSIGNATION DES OUVRAGES.		PRIX de L'UNITÉ.
	5° Avec mortier de ciment hydraulique de Portland et sable du n° 131, cinq francs quatre-vingt-dix centimes		5f 90
	DÉTAIL.		
	70 briques à 44f 00 le mille (n° 109)	3f 08	
	0m 025 de mortier fin à 50f 25 (n° 131).	1 26	
	Main-d'œuvre et tous faux frais	1 56	
	TOTAL.	5f 90	
	6° Avec plâtre, cinq francs soixante centimes.		5 60
	DÉTAIL.		
	70 briques à 44f 00 le mille (n° 109).	3f 08	
	0m 025 de plâtre à 40f 00 (n° 71).	1 00	
	Main-d'œuvre et tous faux frais	1 52	
	TOTAL.	5f 60	
196.	*Cloison* de 0m 11 d'épaisseur, en brique grésée du n° 110 : Le mètre superficiel est estimé, savoir : 1° Avec mortier de chaux grasse et sable du n° 124, quatre francs soixante-dix-huit centimes. . . .		4 78
	DÉTAIL.		
	70 briques à 42f 00 le mille (n° 110) compris déchet	2f 94	
	0m 025 de mortier fin à 11f 00 (n° 124).	0 28	
	Main-d'œuvre et tous faux frais	1 56	
	TOTAL.	4f 78	
	2° Avec mortier de chaux hydraulique et sable du n° 126, quatre francs quatre-vingt-cinq centimes .		4 85
	DÉTAIL.		
	Briques et main-d'œuvre comme ci-dessus.	4f 50	
	0m 025 de mortier fin à 13f 80 (n° 126).	0 35	
	TOTAL.	4f 85	
	3° Avec mortier de chaux hydraulique et sable du n° 128, cinq francs cinquante centimes.		5 50
	DÉTAIL.		
	Briques et main-d'œuvre comme ci-dessus.	4f 50	
	0m 025 de mortier fin à 20f 00 (n° 128).	1 00	
	TOTAL.	5f 50	

NUMÉROS des PRIX.	DÉSIGNATION DES OUVRAGES.		PRIX de L'UNITÉ.
	4° Avec mortier de ciment hydraulique et sable du n° 129, cinq francs cinquante-cinq centimes. . . .		5f 55
	DÉTAIL.		
	70 briques à 42f 00 le mille (n° 110)	2f 94	
	0m 025 de mortier fin à 42f 90 (n° 129).	1 07	
	Main-d'œuvre et tous faux frais	1 54	
	Total.	5f 55	
	5° Avec mortier de ciment hydraulique de Portland et sable du n° 131, cinq francs soixante-dix centimes.		5 70
	DÉTAIL.		
	70 briques à 42f 00 le mille (n° 110)	2f 94	
	0m 025 de mortier fin à 50f 25 (n° 131).	1 26	
	Main-d'œuvre et tous faux frais	1 50	
	Total.	5f 70	
	6° Avec plâtre, cinq francs cinquante centimes		5 50
	DÉTAIL.		
	70 briques à 42f 00 le mille (n° 110)	2f 94	
	0m 025 de plâtre à 40f 00 (n° 71)	1 00	
	Main-d'œuvre et tous faux frais	1 56	
	Total.	5f 50	
197.	*Cloison* de 0m 11 d'épaisseur, en brique ordinaire du n° 111 : Le mètre superficiel est estimé, savoir : 1° Avec mortier de chaux grasse et sable du n° 124, quatre francs cinquante-huit centimes.		4 58
	DÉTAIL.		
	70 briques à 40f 00 le mille (n° 111) compris déchet	2f 80	
	0m 025 de mortier fin à 11f 00 (n° 124).	0 28	
	Main-d'œuvre et tous faux frais	1 50	
	Total.	4f 58	
	2° Avec mortier de chaux hydraulique et sable du n° 126, quatre francs soixante-cinq centimes. . . .		4 65
	DÉTAIL.		
	Briques et main-d'œuvre comme ci-dessus.	4f 30	
	0m 025 de mortier fin à 13f 80 (n° 126).	0 35	
	Total.	4f 65	

NUMÉROS des PRIX.	DÉSIGNATION DES OUVRAGES.		PRIX de L'UNITÉ.
	3° Avec mortier de chaux hydraulique et sable du n° 128, quatre francs quatre-vingts centimes . . .		4f 80
	DÉTAIL.		
	Briques et main-d'œuvre comme ci-dessus.	4f 30	
	0m 025 de mortier fin à 20f 00 (n° 128).	0 50	
	TOTAL.	4f 80	
	4° Avec mortier de ciment hydraulique et sable du n° 129, cinq francs quarante centimes		5 40
	DÉTAIL.		
	70 briques à 40f 00 le mille (n° 111)	2f 80	
	0m 025 de mortier fin à 42f 90 (n° 129	1 07	
	Main-d'œuvre et tous faux frais	1 53	
	TOTAL.	5f 40	
	5° Avec mortier de ciment hydraulique de Portland et sable du n° 131, cinq francs soixante centimes.		5 60
	DÉTAIL.		
	70 briques à 40f 00 le mille (n° 111)	2f 80	
	0m 025 de mortier fin à 50f 25 (n° 131).	1 26	
	Main-d'œuvre et tous faux frais	1 54	
	TOTAL.	5f 60	
	6° Avec plâtre, cinq francs trente centimes		5 30
	DÉTAIL.		
	70 briques à 40f 00 le mille (n° 111)	2f 80	
	0m 025 de plâtre à 40f 00 (n° 71).	1 00	
	Main d'œuvre et tous faux frais	1 50	
	TOTAL.	5f 30	
198.	*Cloison* de 0m 11 d'épaisseur, en brique ordinaire du n° 112 :		
	Le mètre superficiel est estimé, savoir :		
	1° Avec mortier de chaux grasse et sable du n° 124, quatre francs trente-huit centimes		4 38
	DÉTAIL.		
	70 briques à 37f 00 le mille (n° 112) compris déchet	2f 59	
	0m 025 de mortier fin à 11f 00 (n° 124.	0 28	
	Main d'œuvre et tous faux frais	1 51	
	TOTAL	4f 38	

NUMÉROS des PRIX.	DÉSIGNATION DES OUVRAGES.	PRIX de L'UNITÉ.
	2° Avec mortier de chaux hydraulique et sable du n° 126, quatre francs quarante-cinq centimes. . . .	4f 45
	DÉTAIL.	
	Briques et main-d'œuvre comme ci-dessus. 4f 10	
	0m 025 de mortier fin à 13f 80 (n° 126). 0 35	
	Total. 4f 45	
	3° Avec mortier de chaux hydraulique et sable du n° 128, quatre francs soixante centimes	4 60
	DÉTAIL.	
	Briques et main-d'œuvre comme ci-dessus. 4f 10	
	0m 055 de mortier fin à 20f 00 (n° 128). 0 50	
	Total. 4f 60	
	4° Avec mortier de ciment hydraulique et sable du n° 129, cinq francs dix-sept centimes.	5 17
	DÉTAIL.	
	70 briques à 37f 00 le mille (n° 112) 2f 59	
	0m 025 de mortier fin à 42f 90 (n° 129). 1 07	
	Main-d'œuvre et tous faux frais 1 51	
	Total. 5f 17	
	5° Avec mortier de ciment hydraulique de Portland et sable du n° 131, cinq francs quarante centimes.	5 40
	DÉTAIL.	
	70 briques à 37f 00 le mille (n° 112, ... 2f 59	
	0m 025 de mortier fin à 50f 25 (n° 131). 1 26	
	Main-d'œuvre et tous faux frais 1 55	
	Total. 5f 40	
	6° Avec plâtre, cinq francs dix centimes	5 10
	DÉTAIL.	
	70 briques à 37f 00 le mille (n° 112) 2f 59	
	0m 025 de plâtre à 40f 00 (n° 71). 1 00	
	Main-d'œuvre et tous faux frais 1 51	
	Total. 5f 10	

NUMÉROS des PRIX.	DÉSIGNATION DES OUVRAGES.	PRIX de L'UNITÉ.
199.	*Cloison* de 0m 11 d'épaisseur, en brique percée du n° 113 : Le mètre superficiel est estimé, savoir : 1° Avec mortier de chaux grasse et sable du n° 124, quatre francs soixante-dix centimes.	4f 70

DÉTAIL.

70 briques à 42f 00 le mille (n° 113)	2f 94
0m 025 de mortier fin à 11f 00 (n° 124).	0 28
Main-d'œuvre et tous faux frais	1 48
Total.	4f 70

	2° Avec mortier de chaux hydraulique et sable du n° 126, quatre francs soixante-dix-sept centimes. .	4 77

DÉTAIL.

Briques et main-d'œuvre comme ci-dessus.	4f 42
0m 025 de mortier fin à 13f 80 (n° 126).	0 35
Total.	4f 77

	3° Avec mortier de chaux hydraulique et sable du n° 128, quatre francs quatre-vingt-douze centimes.	4 92

DÉTAIL.

Briques et main-d'œuvre comme ci-dessus.	4f 42
0m 025 de mortier fin à 20f 00 (n° 128).	0 50
Total.	4f 92

	4° Avec mortier de ciment hydraulique et sable du n° 129, cinq francs cinquante centimes	5 50

DÉTAIL.

70 briques à 42f 00 le mille (n° 113)	2f 94
0m 025 de mortier fin à 42f 90 (n° 129).	1 07
Main-d'œuvre et tous faux frais	1 49
Total.	5f 50

	5° Avec mortier de ciment hydraulique de Portland et sable du n° 131, cinq francs soixante-dix centimes.	5 70

DÉTAIL.

70 briques à 42f 00 le mille (n° 113)	2f 94
0m 025 de mortier fin à 50f 25 (n° 131).	1 25
Main-d'œuvre et tous faux frais	1 51
Total.	5f 70

NUMÉROS des PRIX.	DÉSIGNATION DES OUVRAGES.		PRIX de L'UNITÉ.
	6° Avec plâtre, cinq francs quarante centimes		5f 40
	DÉTAIL.		
	70 briques à 42f 00 le mille (n° 113)	2f 94	
	0m 025 de plâtre à 40f 00 (n° 71)	1 00	
	Main-d'œuvre et tous faux frais	1 46	
	TOTAL	5f 40	
200.	*Cloison* de 0m 11 d'épaisseur, en brique percée du n° 114 : Le mètre superficiel est estimé, savoir : 1° Avec mortier de chaux grasse et sable du n° 124, quatre francs soixante centimes		4 60
	DÉTAIL.		
	35 briques à 86f 00 le mille (n° 114)	3f 01	
	0m 025 de mortier fin à 11f 00 (n° 124)	0 28	
	Main-d'œuvre et tous faux frais	1 31	
	TOTAL	4f 60	
	2° Avec mortier de chaux hydraulique et sable du n° 126, quatre francs soixante-sept centimes		4 67
	DÉTAIL.		
	Briques et main-d'œuvre comme ci-dessus	4f 32	
	0m 025 de mortier fin à 13f 80 (n° 126)	0 35	
	TOTAL	4f 67	
	3° Avec mortier de chaux hydraulique et sable du n° 128, quatre francs quatre-vingt-deux centimes		4 82
	DÉTAIL.		
	Briques et main-d'œuvre comme ci-dessus	4f 32	
	0m 025 de mortier fin à 20f 00 (n° 128)	0 50	
	TOTAL	4f 82	
	4° Avec mortier de ciment hydraulique et sable du n° 129, cinq francs quarante centimes		5 40
	DÉTAIL.		
	35 briques à 86f 00 le mille (n° 114)	3f 01	
	0m 025 de mortier fin à 42f 90 (n° 129)	1 07	
	Main-d'œuvre et tous faux frais	1 32	
	TOTAL	5f 40	

NUMÉROS des PRIX.	DÉSIGNATION DES OUVRAGES.		PRIX de L'UNITÉ.
	5° Avec mortier de ciment hydraulique de Portland et sable du n° 131, cinq francs soixante centimes		5f 60
	DÉTAIL.		
	35 briques à 86f 00 le mille (n° 114)	3f 01	
	0m 025 de mortier fin à 50f 25 (n° 131).	1 25	
	Main-d'œuvre et tous faux frais	1 34	
	Total.	5f 60	
	6° Avec plâtre, cinq francs quarante centimes		5 40
	DÉTAIL.		
	35 briques à 86f 00 le mille (n° 114)	3f 01	
	0m 025 de plâtre à 40f 00 (n° 71).	1 00	
	Main-d'œuvre et tous faux frais	1 39	
	Total.	5f 40	
201.	*Cloison* de 0m 055 d'épaisseur, en brique de Bourgogne ordinaire du n° 106 : Le mètre superficiel est estimé, savoir : 1° Avec mortier de chaux grasse et sable du n° 124, cinq francs		5 00
	DÉTAIL.		
	35 briques à 120f 00 le mille (n° 106)	4f 20	
	0m 015 de mortier fin à 11f 00 (n° 124).	0 17	
	Main-d'œuvre et tous faux frais	0 63	
	Total.	5f 00	
	2° Avec mortier de chaux hydraulique et sable du n° 126, cinq francs quatre centimes		5 04
	DÉTAIL.		
	Briques et main-d'œuvre comme ci-dessus.	4f 83	
	0m 015 de mortier fin à 13f 80 (n° 126).	0 21	
	Total.	5f 04	
	3° Avec mortier de chaux hydraulique et sable du n° 128, cinq francs treize centimes		5 13
	DÉTAIL.		
	Briques et main-d'œuvre comme ci-dessus.	4f 83	
	0m 015 de mortier fin à 20f 00 (n° 128).	0 30	
	Total.	5f 13	

NUMÉROS des PRIX.	DÉSIGNATION DES OUVRAGES.		PRIX de L'UNITÉ.
	4° Avec mortier de ciment hydraulique et sable du n° 129, cinq francs quarante-cinq centimes		5f 45
	DÉTAIL.		
	35 briques à 120f 00 le mille (n° 106)	4f 20	
	0m 015 de mortier fin à 42f 90 (n° 129).	0 64	
	Main-d'œuvre et tous faux frais	0 61	
	TOTAL.	5f 45	
	5° Avec mortier de ciment hydraulique de Portland et sable du n° 131, cinq francs soixante centimes.		5 60
	DÉTAIL.		
	35 briques à 120f 00 le mille (n° 106)	4f 20	
	0m 015 de mortier fin à 50f 25 (n° 131).	0 75	
	Main-d'œuvre et tous faux frais	0 65	
	TOTAL.	5f 60	
	6° Avec plâtre, cinq francs trente-cinq centimes.		5 35
	DÉTAIL.		
	35 briques à 120f 00 le mille (n° 106)	4f 20	
	0m 013 de plâtre à 40f 00 (n° 71)	0 52	
	Main-d'œuvre et tous faux frais	0 63	
	TOTAL.	5f 35	
202.	*Cloison* de 0m 055 d'épaisseur, en brique de Bourgogne réfractaire du n° 107 : Le mètre superficiel est estimé, savoir :		
	1° Avec mortier de chaux grasse et sable du n° 124, cinq francs trente centimes		5 30
	DÉTAIL.		
	35 briques à 130f 00 le mille (n° 107)	4f 55	
	0m 015 de mortier fin à 11f 00 (n° 124).	0 17	
	Main-d'œuvre et tous faux frais	0 58	
	TOTAL.	5f 30	
	2° Avec mortier de chaux hydraulique et sable du n° 126, cinq francs trente-quatre centimes.		5 34
	DÉTAIL.		
	Briques et main-d'œuvre comme ci-dessus.	5f 13	
	0m 015 de mortier fin à 13f 80 (n° 126).	0 21	
	TOTAL.	5f 34	

NUMÉROS des PRIX.	DÉSIGNATION DES OUVRAGES.		PRIX de L'UNITÉ.
	3° Avec mortier de chaux hydraulique et sable du n° 128, cinq francs quarante-trois centimes		5f 43
	DÉTAIL.		
	Briques et main-d'œuvre comme ci-dessus.	5f 13	
	0m 015 de mortier fin à 20f 00 (n° 128).	0 30	
	TOTAL.	5f 43	
	4° Avec mortier de ciment hydraulique et sable du n° 129, cinq francs quatre-vingts centimes		5 80
	DÉTAIL.		
	35 briques à 130f 00 le mille (n° 107).	4f 55	
	0m 015 de mortier fin à 42f 90 (n° 129).	0 64	
	Main-d'œuvre et tous faux frais	0 61	
	TOTAL.	5f 80	
	5° Avec mortier de ciment hydraulique de Portland et sable du n° 131, cinq francs quatre-vingt-dix centimes.		5 90
	DÉTAIL.		
	35 briques à 130f 00 le mille (n° 107)	4f 55	
	0m 015 de mortier fin à 50f 25 (n° 131).	0 75	
	Main-d'œuvre et tous faux frais	0 60	
	TOTAL.	5f 90	
	6° Avec plâtre, cinq francs soixante-dix centimes.		5 70
	DÉTAIL.		
	35 briques à 130f 00 le mille (n° 107)	4f 55	
	0m 013 de plâtre à 40f 00 (n° 71).	0 52	
	Main-d'œuvre et tous faux frais	0 63	
	TOTAL.	5f 70	
205.	*Cloison* de 0m 055 d'épaisseur, en brique réfractaire du n° 108 : Le mètre superficiel est estimé, savoir :		
	1° Avec mortier de chaux grasse et sable du n° 124, deux francs soixante-onze centimes.		2 71
	DÉTAIL.		
	35 briques à 50f 00 le mille (n° 108)	1f 75	
	0m 015 de mortier fin à 11f 00 (n° 124).	0 17	
	Main-d'œuvre et tous faux frais	0 79	
	TOTAL.	2f 71	

NUMÉROS des PRIX.	DÉSIGNATION DES OUVRAGES.	PRIX de L'UNITÉ.
	2° Avec mortier de chaux hydraulique et sable du n° 126, deux francs soixante-quinze centimes . . .	2f 75
	DÉTAIL.	
	Briques et main-d'œuvre comme ci-dessus. 2f 54	
	0m 015 de mortier fin à 13f 80 (n° 126). 0 21	
	Total. 2f 75	
	3° Avec mortier de chaux hydraulique et sable du n° 128, deux francs quatre-vingt-quatre centimes .	2 84
	DÉTAIL.	
	Briques et main-d'œuvre comme ci-dessus. 2f 54	
	0m 015 de mortier fin à 20f 00 (n° 128). 0 30	
	Total. 2f 84	
	4° Avec mortier de ciment hydraulique et sable du n° 129, trois francs vingt centimes	3 20
	DÉTAIL.	
	35 briques à 50f 00 le mille (n° 108) 1f 75	
	0m 015 de mortier fin à 42f 90 (n° 129). 0 64	
	Main-d'œuvre et tous faux frais 0 81	
	Total. 3f 20	
	5° Avec mortier de ciment hydraulique de Portland et sable du n° 131, trois francs trente centimes.	3 30
	DÉTAIL.	
	35 briques à 50f 00 le mille (n° 108) 1f 75	
	0m 015 de mortier fin à 50f 25 (n° 131). 0 75	
	Main-d'œuvre et tous faux frais 0 80	
	Total. 3f 30	
	6° Avec plâtre, trois francs dix centimes.	3 10
	DÉTAIL.	
	35 briques à 50f 00 le mille (n° 108) 1f 75	
	0m 013 de plâtre à 40f 00 (n° 71). 0 52	
	Main-d'œuvre et tous faux frais 0 83	
	Total. 3f 10	

NUMÉROS des PRIX.	DESIGNATION DES OUVRAGES.	PRIX de L'UNITÉ.
204.	*Cloison* de 0m 055 d'épaisseur, en brique grésée du n° 109 : Le mètre superficiel est estimé, savoir : 1° Avec mortier de chaux grasse et sable du n° 124, deux francs cinquante-cinq centimes	2f 55
	DÉTAIL. 35 briques à 44f 00 le mille (n° 109) . . . . 1f 54 ; 0m 015 de mortier fin à 11f 00 (n° 124). . . . 0 17 ; Main-d'œuvre et tous faux frais . . . . 0 84 ; TOTAL. . . . 2f 55	
	2° Avec mortier de chaux hydraulique et sable du n° 126, deux francs cinquante-neuf centimes . . .	2 59
	DÉTAIL. Briques et main-d'œuvre comme ci-dessus. . . . 2f 38 ; 0m 015 de mortier fin à 13f 80 (n° 126). . . . 0 21 ; TOTAL. . . . 2f 59	
	3° Avec mortier de chaux hydraulique et sable du n° 128, deux francs soixante-huit centimes	2 68
	DÉTAIL. Briques et main-d'œuvre comme ci-dessus. . . . 2f 38 ; 0m 015 de mortier fin à 20f 00 (n° 128). . . . 0 30 ; TOTAL. . . . 2f 68	
	4° Avec mortier de ciment hydraulique et sable du n° 129, trois francs	3 00
	DÉTAIL. 35 briques à 44f 00 le mille (n° 109) . . . . 1f 54 ; 0m 015 de mortier fin à 42f 90 (n° 129). . . . 0 64 ; Main-d'œuvre et tous faux frais . . . . 0 82 ; TOTAL. . . . 3f 00	
	5° Avec mortier de ciment hydraulique de Portland et sable du n° 131, trois francs dix centimes.	3 10
	DÉTAIL. 35 briques à 44f 00 le mille (n° 109) . . . . 1f 54 ; 0m 015 de mortier fin à 50f 25 (n° 131). . . . 0 75 ; Main-d'œuvre et tous faux frais . . . . 0 81 ; TOTAL. . . . 3f 10	

NUMÉROS des PRIX.	DÉSIGNATION DES OUVRAGES.	PRIX de L'UNITÉ.
	6° Avec plâtre, deux francs quatre-vingt-dix centimes	2f 90
	DÉTAIL.	
	35 briques à 44f 00 le mille (n° 109) 1f 54	
	0m 013 de plâtre à 40f 00 (n° 71). 0 52	
	Main-d'œuvre et tous faux frais 0 84	
	Total. 2f 90	
205.	*Cloison* de 0m 055 d'épaisseur, en brique grésée du n° 110 :	
	Le mètre superficiel est estimé, savoir :	
	1° Avec mortier de chaux grasse et sable du n° 124, deux francs cinquante centimes	2 50
	DÉTAIL	
	35 briques à 42f 00 le mille (n° 110) 1f 47	
	0m 015 de mortier fin à 11f 00 (n° 124). 0 17	
	Main-d'œuvre et tous faux frais. 0 86	
	Total. 2f 50	
	2° Avec mortier de chaux hydraulique et sable du n° 126, deux francs cinquante-quatre centimes. .	2 54
	DÉTAIL.	
	Briques et main-d'œuvre comme ci-dessus. 2f 33	
	0m 015 de mortier fin à 13f 80 (n° 126). 0 21	
	Total. 2f 54	
	3° Avec mortier de chaux hydraulique et sable du n° 128, deux francs soixante-trois centimes. . . .	2 63
	DÉTAIL.	
	Briques et main-d'œuvre comme ci-dessus. 2f 33	
	0m 015 de mortier fin à 20f 00 (n° 128) 0 30	
	Total. 2f 63	
	4° Avec mortier de ciment hydraulique et sable du n° 129, deux francs quatre-vingt-quinze centimes .	2 95
	DÉTAIL.	
	35 briques à 42f 00 le mille (n° 110) 1f 47	
	0m 015 de mortier fin à 42f 90 (n° 129) 0 64	
	Main-d'œuvre et tous faux frais 0 84	
	Total. 2f 95	

NUMÉROS des PRIX.	DÉSIGNATION DES OUVRAGES.		PRIX de L'UNITÉ.
	5° Avec mortier de ciment hydraulique de Portland et sable du n° 131, trois francs cinq centimes		3f 05
	DÉTAIL.		
	35 briques à 42f 00 le mille (n° 110)	1f 47	
	0m 015 de mortier fin à 50f 25 (n° 131)	0 75	
	Main-d'œuvre et tous faux frais	0 83	
	TOTAL.	3f 05	
	6° Avec plâtre, deux francs quatre-vingts centimes		2 80
	DÉTAIL.		
	35 briques à 42f 00 le mille (n° 110)	1f 47	
	0m 013 de plâtre à 40f 00 (n° 71)	0 52	
	Main-d'œuvre et tous faux frais	0 81	
	TOTAL.	2f 80	
206.	*Cloison* de 0m 055 d'épaisseur, en brique ordinaire du n° 111 : Le mètre superficiel est estimé, savoir :		
	1° Avec mortier de chaux grasse et sable du n° 124, deux francs quarante-deux centimes		2 42
	DÉTAIL.		
	35 briques à 40f 00 le mille (n° 111)	1f 40	
	0m 015 de mortier fin à 11f 00 (n° 124)	0 17	
	Main-d'œuvre et tous faux frais	0 85	
	TOTAL.	2f 42	
	2° Avec mortier de chaux hydraulique et sable du n° 126, deux francs quarante-six centimes		2 46
	DÉTAIL.		
	Briques et main-d'œuvre comme ci-dessus	2f 25	
	0m 015 de mortier fin à 13f 80 (n° 126)	0 21	
	TOTAL.	2f 46	
	3° Avec mortier de chaux hydraulique et sable du n° 128, deux francs cinquante-cinq centimes		2 55
	DÉTAIL.		
	Briques et main-d'œuvre comme ci-dessus	2f 25	
	0m 015 de mortier fin à 20f 00 (n° 128)	0 30	
	TOTAL.	2f 55	

NUMÉROS des PRIX.	DÉSIGNATION DES OUVRAGES.		PRIX de L'UNITÉ.
	4° Avec mortier de ciment hydraulique et sable du n° 129, deux francs quatre-vingt-cinq centimes. .		2f 85
	DÉTAIL.		
	35 briques à 40f 00 le mille (n° 111)	1f 40	
	0m 015 de mortier fin à 42f 90 (n° 129).	0 64	
	Main-d'œuvre et tous faux frais	0 81	
	TOTAL.	2f 85	
	5° Avec mortier de ciment hydraulique de Portland et sable du n° 131, trois francs.		3 00
	DÉTAIL.		
	35 briques à 40f 00 le mille (n° 111)	1f 40	
	0m 015 de mortier fin à 50f 25 (n° 131).	0 75	
	Main-d'œuvre et tous faux frais	0 85	
	TOTAL.	3f 00	
	6° Avec plâtre, deux francs quatre-vingt-quinze centimes.		2 95
	DÉTAIL.		
	40 briques à 40f 00 le mille (n° 111)	1f 60	
	0m 013 de plâtre à 40f 00 (n° 71).	0 52	
	Main-d'œuvre et tous faux frais	0 83	
	TOTAL.	2f 95	
207.	*Cloison* de 0m 55 d'épaisseur, en brique ordinaire du n° 112 : Le mètre superficiel est estimé, savoir : 1° Avec mortier de chaux grasse et sable du n° 124, deux francs vingt-sept centimes.		2 27
	DÉTAIL.		
	35 briques à 37f 00 le mille (n° 112)	1f 30	
	0m 015 de mortier fin à 11f 00 (n° 124).	0 17	
	Main-d'œuvre et tous faux frais	0 80	
	TOTAL.	2f 27	
	2° Avec mortier de chaux hydraulique et sable du n° 126, deux francs trente-un centimes		2 31
	DÉTAIL.		
	40 briques et main-d'œuvre comme ci-dessus.	2f 10	
	0m 015 de mortier fin à 13f 80 (n° 126).	0 21	
	TOTAL.	2f 31	

NUMÉROS des PRIX.	DÉSIGNATION DES OUVRAGES.		PRIX de L'UNITÉ.
	3° Avec mortier de chaux hydraulique et sable du n° 128, deux francs quarante centimes		2f 40
	DÉTAIL.		
	Briques et main-d'œuvre comme ci-dessus.	2f 10	
	0m 015 de mortier fin à 20f 00 (n° 128)	0 30	
	TOTAL.	2f 40	
	4° Avec mortier de ciment hydraulique et sable du n° 129, deux francs soixante-quinze centimes. . .		2 75
	DÉTAIL.		
	35 briques à 37f 00 le mille (n° 112)	1f 30	
	0m 015 de mortier fin à 42f 90 (n° 129).	0 64	
	Main-d'œuvre et tous faux frais	0 81	
	TOTAL.	2f 75	
	5° Avec mortier de ciment hydraulique de Portland et sable du n° 131, deux francs quatre-vingt-dix centimes.		2 90
	DÉTAIL.		
	35 briques à 37f 00 le mille (n° 112)	1f 30	
	0m 015 de mortier fin à 50f 25 (n° 131).	0 75	
	Main-d'œuvre et tous faux frais	0 85	
	TOTAL.	2f 90	
	6° Avec plâtre, deux francs soixante-cinq centimes		2 65
	DÉTAIL.		
	35 briques à 37f 00 le mille (n° 112)	1f 30	
	0m 013 de plâtre à 40f 00 (n° 71)	0 52	
	Main-d'œuvre et tous faux frais	0 83	
	TOTAL.	2f 65	
208.	*Cloison* de 0m 055 d'épaisseur, en brique percée du n° 113 :		
	Le mètre superficiel est estimé, savoir :		
	1° Avec mortier de chaux grasse et sable du n° 124, deux francs quarante-cinq centimes.		2 45
	DÉTAIL.		
	35 briques à 42f 00 le mille (n° 113)	1f 47	
	0m 015 de mortier fin à 11f 00 (n° 124).	0 17	
	Main-d'œuvre et tous faux frais	0 81	
	TOTAL.	2f 45	

NUMÉROS des PRIX.	DÉSIGNATION DES OUVRAGES.	PRIX de L'UNITÉ.
	2° Avec mortier de chaux hydraulique et sable du n° 126, deux francs quarante-neuf centimes	2f 49
	DÉTAIL.	
	Briques et main-d'œuvre comme ci-dessus. 2f 28	
	0m 015 de mortier fin à 13f 80 (n° 126). 0 21	
	TOTAL. 2f 49	
	3° Avec mortier de chaux hydraulique et sable du n° 128, deux francs cinquante-huit centimes. . . .	2 58
	DÉTAIL.	
	Briques et main-d'œuvre comme ci-dessus. 2f 28	
	0m 015 de mortier fin à 20f 00 (n° 128) 0 30	
	TOTAL. 2f 58	
	4° Avec mortier de ciment hydraulique et sable du n° 129, deux francs quatre-vingt-quinze centimes .	2 95
	DÉTAIL.	
	35 briques à 42f 00 le mille (n° 113) 1f 47	
	0m 015 de mortier fin à 42f 90 (n° 129). 0 64	
	Main-d'œuvre et tous faux frais 0 84	
	TOTAL. 2f 95	
	5° Avec mortier de ciment hydraulique de Portland et sable du n° 131, trois francs cinq centimes	3 05
	DÉTAIL.	
	35 briques à 42f 00 le mille (n° 113) 1f 47	
	0m 015 de mortier fin à 50f 25 (n° 131). 0 75	
	Main-d'œuvre et tous faux frais 0 83	
	TOTAL. 3f 05	
	6° Avec plâtre, deux francs quatre-vingts centimes	2 80
	DÉTAIL.	
	35 briques à 42f 00 le mille (n° 113). 1f 47	
	0m 013 de plâtre à 40f 00 (n° 71). 0 52	
	Main-d'œuvre et tous faux frais 0 81	
	TOTAL. 2f 80	

NUMÉROS des PRIX.	DÉSIGNATION DES OUVRAGES.	PRIX de L'UNITÉ.
209.	*Cloison* de 0m 054 d'épaisseur, en brique percée, de 0m 22 sur 0m 11 et 0m 054 : Le mètre superficiel est estimé, savoir :	
	1° Avec mortier de chaux grasse et sable du n° 124, un franc quatre-vingt-dix centimes	1f 90
	DÉTAIL.	
	35 briques à 35f 00 le mille (n° 114) 1f 23	
	0m 015 de mortier fin à 11f 00 (n° 124). 0 17	
	Main-d'œuvre et tous faux frais 0 50	
	TOTAL. 1f 90	
	2° Avec mortier de chaux hydraulique et sable du n° 126, un franc quatre-vingt-quatorze centimes. .	1 94
	DÉTAIL.	
	Briques et main-d'œuvre comme ci-dessus 1f 73	
	0m 015 de mortier fin à 13f 80 (n° 126). 0 21	
	TOTAL. 1f 94	
	3° Avec mortier de chaux hydraulique et sable du n° 128, deux francs trois centimes	2 03
	DÉTAIL.	
	Briques et main-d'œuvre comme ci-dessus 1f 73	
	0m 015 de mortier fin à 20f 00 (n° 128). 0 30	
	TOTAL. 2f 03	
	4° Avec mortier de ciment hydraulique et sable du n° 129, deux francs quarante centimes.	2 40
	DÉTAIL.	
	35 briques à 35f 00 le mille (n° 114) 1f 23	
	0m 015 de mortier fin à 42f 90 (n° 129). 0 64	
	Main-d'œuvre et tous faux frais 0 53	
	TOTAL. 2f 40	
210.	*Maçonnerie de remplissage* de pans de bois, en cailloutis cassé à 0m 06, mélangé de mortier de chaux grasse, sur 0m 06 à 0m 11 d'épaisseur intérieure, c'est-à-dire, entre lattis : Le mètre superficiel est estimé, tout compris, quatre-vingts centimes	0 80
	DÉTAIL.	
	0m 07 de cailloutis à 4f 00 (n° 77) 0f 28	
	0m 02 de mortier à 11f 00 (n° 62). 0 22	
	Façon et emploi. 0 30	
	TOTAL. 0f 80	

NUMÉROS des PRIX.	DÉSIGNATION DES OUVRAGES.	PRIX de L'UNITÉ.
	Maçonneries circulaires en plan.	
211.	Plus-value à ajouter aux prix des maçonneries de pierre de taille, de moellon et de brique, quand ces maçonneries seront établies sur un plan circulaire, pour tenir compte du surcroît de main-d'œuvre sur la maçonnerie ordinaire et des déchets résultant des coupes.	
	Cette plus-value est estimée, savoir :	
	1° Pour les maçonneries circulaires, d'un rayon de un mètre et au-dessus, un vingtième des prix des maçonneries correspondantes.	$\frac{1}{20}$
	2° Pour les maçonneries circulaires, d'un rayon au-dessous de un mètre, un dixième des prix des maçonneries correspondantes.	$\frac{1}{10}$
	Maçonneries circulaires en élévation.	
212.	Plus-value à ajouter aux prix des maçonneries de pierre de taille, de moellon et de brique, quand ces maçonneries seront employées en voûtes, arcs ou baies cintrées en élévation, pour tenir compte du surcroît de main-d'œuvre sur la maçonnerie ordinaire, des déchets résultant des coupes, ainsi que des scellements et des descellements des cintres et de la construction et démolition des pâtés, y compris fourniture de garnis et plâtre.	
	Cette plus-value est estimée au dixième des prix des maçonneries correspondantes	$\frac{1}{10}$
213.	*Carrelage* en carreaux de terre cuite hexagones du n° 115 :	
	Le mètre superficiel est estimé, savoir :	
	1° Sur aire en mortier hydraulique de 0m 03 d'épaisseur, trois francs cinquante centimes	3f 50

DÉTAIL.

40 carreaux à 60f 00 le mille (n° 115)	2f 40
0m 033 de mortier hydraulique à 20f 00 (n° 128)	0 66
Nivellement du sol, bardage et emploi du mortier et des carreaux	0 44
TOTAL.	3f 50

	2° Sur aire en plâtre de 0m 01 d'épaisseur, trois francs cinquante centimes	3 50

DÉTAIL.

40 carreaux à 60f 00 le mille (n° 115)	2f 40
0m 012 de plâtre à 40f 00 (n° 71)	0 48
Nivellement du sol, façon de la forme, bardage et emploi du plâtre et des carreaux	0 62
TOTAL.	3f 50

214.	*Carrelage* en carreaux de terre cuite hexagones du n° 116 :	
	Le mètre superficiel est estimé, savoir :	
	1° Sur aire en mortier hydraulique de 0m 03 d'épaisseur, quatre francs vingt centimes	4 20

DÉTAIL.

25 carreaux à 125f 00 le mille (n° 116).	3f 12
0m 033 de mortier hydraulique à 20f 00 (n° 128)	0 66
Nivellement du sol, façon de la forme, bardage et emploi du mortier et des carreaux	0 42
TOTAL.	4f 20

NUMÉROS des PRIX.	DÉSIGNATION DES OUVRAGES.	PRIX de L'UNITÉ.
	2° Sur aire en plâtre de 0m 01 d'épaisseur, quatre francs vingt centimes.	4f 20
	DÉTAIL.	
	25 carreaux à 125f 00 le mille (n° 116). 3f 12	
	0m 012 de plâtre à 40f 00 (n° 71) 0 48	
	Nivellement du sol, façon de la forme, bardage et emploi du plâtre et des carreaux 0 60	
	Total. 4f 20	
215.	*Carrelage* en carreaux de terre cuite carrés du n° 117 :	
	Le mètre superficiel est estimé, savoir :	
	1° Sur aire en mortier hydraulique de 0m 03 d'épaisseur, deux francs soixante-dix centimes	2 70
	DÉTAIL.	
	37 carreaux à 44f 00 le mille (n° 117) 1f 63	
	0m 033 de mortier hydraulique à 20f 00 (n° 128) 0 66	
	Nivellement du sol, façon de la forme, bardage et emploi du mortier et des carreaux. 0 41	
	Total. 2f 70	
	2° Sur aire en plâtre de 0m 01 d'épaisseur, deux francs soixante-dix centimes.	2 70
	DÉTAIL.	
	37 carreaux à 44f 00 le mille (n° 117) 1f 63	
	0m 012 de plâtre à 40f 00 (n° 71). 0 48	
	Nivellement du sol, façon de la forme, bardage et emploi du plâtre et des carreaux 0 59	
	Total. 2f 70	
216.	*Carrelage* en carreaux de terre cuite carrés du n° 118 :	
	Le mètre superficiel est estimé, savoir :	
	1° Sur aire en mortier hydraulique de 0m 03 d'épaisseur, trois francs vingt-cinq centimes	3 25
	DÉTAIL.	
	21 carreaux à 100f 00 le mille (n° 118). 2f 10	
	0m 033 de mortier hydraulique à 20f 00 (n° 128). 0 66	
	Nivellement du sol, façon de la forme, bardage et emploi du mortier et des carreaux 0 49	
	Total 3f 25	

NUMÉROS des PRIX.	DÉSIGNATION DES OUVRAGES.		PRIX de L'UNITÉ.
	2° Sur forme en plâtre de 0m 01 d'épaisseur, trois francs vingt-cinq centimes		3f 25
	DÉTAIL.		
	21 carreaux à 100f 00 le mille (n° 118).	2f 10	
	0m 012 de plâtre à 40f 00 (n° 71)	0 48	
	Nivellement du sol, façon de la forme, bardage et emploi du plâtre et des carreaux	0 67	
	TOTAL.	3f 25	
217.	*Carrelage* en mosaïque, en carreaux de deux et de trois couleurs du n° 119, sur aire en mortier de 0m 05 d'épaisseur : Le mètre superficiel est estimé, neuf francs vingt centimes.		9 20
	DÉTAIL.		
	1m 00 de carreaux à 6f 65 (n° 119)	6f 65	
	0m 05 de mortier hydraulique à 20f 00 (n° 128)	1 00	
	7 kilog. de ciment hydraulique du n° 72 à 0f 075	0 53	
	Main-d'œuvre et tous faux frais	1 02	
	TOTAL.	9f 20	
218.	*Aire en bauge* de 0m 05 à 0m 07 d'épaisseur sur bardeau de chêne ou de châtaignier : Le mètre superficiel est estimé, un franc.		1 00
	DÉTAIL.		
	55 bardeaux en chêne à 0f 45 le cent (n° 54).	0f 25	
	0m 08 de terre argileuse à 3f 00 (n° 67).	0 24	
	Fourniture de foin haché	0 03	
	Main-d'œuvre, dépose, façon du mortier, montage et faux frais	0 48	
	TOTAL.	1f 00	
219.	*Crépi plein* de 0m 03 à 0m 04 d'épaisseur, en mortier fin de chaux et sable, sur maçonnerie brute, y compris dégradage préalable des joints de la maçonnerie : Le mètre superficiel est estimé, savoir :		
	1° En mortier de chaux grasse du n° 124, quarante centimes		0 40
	2° En mortier de chaux hydraulique du n° 126, cinquante centimes.		0 50
	3° En mortier de chaux hydraulique du n° 128, soixante centimes		0 60
220.	*Enduit sur ancien crépi*, en mortier fin de chaux et sable, bien lissé à la truelle et dressé, y compris hachement du crépi :		

NUMÉROS des PRIX.	DÉSIGNATION DES OUVRAGES.	PRIX de L'UNITÉ.
	Le mètre superficiel est estimé, savoir :	
	1° En mortier de chaux hydraulique du n° 124, trente centimes	0f 30
	2° En mortier de chaux hydraulique du n° 126, trente-cinq centimes	0 35
	3° En mortier de chaux hydraulique du n° 128, quarante centimes	0 40
	4° Y compris cinglage au balai, le prix du mètre sera augmenté de quinze centimes	0 15
221.	*Crépi et enduit* de 0m 04 à 0m 05 d'épaisseur, en mortier fin de chaux et sable, pour cave, fosse d'aisance ou parement vu de mur :	
	Le mètre superficiel est estimé, savoir :	
	1° En mortier de chaux grasse du n° 124, soixante-dix centimes	0 70
	2° En mortier de chaux hydraulique du n° 126, quatre-vingts centimes	0 80
	3° En mortier de chaux hydraulique du n° 128, un franc	1 00
222.	*Crépi simple* de 0m 02 à 0m 03 d'épaisseur, en mortier fin de chaux et sable, sur parements de briques :	
	Le mètre superficiel est estimé, savoir :	
	1° En mortier de chaux grasse du n° 124, trente-cinq centimes	0 35
	2° En mortier de chaux hydraulique du n° 126, quarante-cinq centimes	0 45
	3° En mortier de chaux hydraulique du n° 128, cinquante centimes	0 50
223.	*Crépi et enduit*, en mortier fin de chaux et sable, sur parements de briques :	
	Le mètre superficiel est estimé, savoir :	
	1° En mortier de chaux grasse du n° 124, soixante-cinq centimes	0 65
	2° En mortier de chaux hydraulique du n° 126, soixante-quinze centimes	0 75
	3° En mortier de chaux hydraulique du n° 128, quatre-vingt-quinze centimes	0 95
224.	*Crépi et enduit*, de 0m 02 à 0m 03 d'épaisseur, en ciment hydraulique, pour fosses ou bassins :	
	Le mètre superficiel est estimé, savoir :	
	1° En ciment hydraulique de Pouilly et de Vassy du n° 130, trois francs dix centimes	3 10
	2° En ciment hydraulique de Portland du n° 132, trois francs vingt centimes	3 20

NUMÉROS des PRIX.	DÉSIGNATION DES OUVRAGES.		PRIX de L'UNITÉ.
225.	*Chape* de 0m 05 d'épaisseur :		
	Le mètre superficiel est estimé, savoir :		
	1° Avec mortier hydraulique du n° 126, un franc cinquante-six centimes.		1f 56
	DÉTAIL.		
	0m 055 de mortier à 13f 80 (n° 126).	0f 76	
	Approche, emploi et lissage répété du mortier	0 80	
	Total.	1f 56	
	2° Avec mortier hydraulique du n° 128, un franc quatre-vingt-dix centimes.		1 90
	DÉTAIL.		
	0m 055 de mortier à 20f 00 (n° 128).	1f 10	
	Approche, emploi et lissage répété du mortier	0 80	
	Total.	1f 90	
	3° Avec mortier de ciment hydraulique de Pouilly et de Vassy du n° 130, quatre francs quinze centimes		4 15
	DÉTAIL.		
	0m 055 de mortier à 60f 90 (n° 130)	3f 35	
	Approche, emploi et lissage répété du mortier	0 80	
	Total.	4f 15	
	4° Avec mortier de ciment hydraulique de Portland du n° 132, quatre francs trente-deux centimes. .		4 32
	DÉTAIL.		
	0m 055 de mortier à 64f 00 (n° 132).	3f 52	
	Approche, emploi et lissage répété du mortier	0 80	
	Total.	4f 32	
	Nota. Quelle que soit l'épaisseur de la chape, jusqu'à 0m 08 inclusivement, les prix de façon ci-dessus seront invariables : les prix du mortier seuls varieront suivant l'épaisseur.		
226.	*Parements vus de moellon brut*, à joints incertains, pour taille grossière de la face et des lits et joints, exécutée par l'ouvrier maçonnant :		
	Le mètre superficiel est estimé, savoir :		
	1° En moellon granitique du n° 84, quatre-vingts centimes.		0 80
	2° En moellon siliceux du n° 85, soixante centimes		0 60
	3° En moellon calcaire du n° 86, cinquante-cinq centimes		0 55
	4° En moellon calcaire du n° 87, cinquante-cinq centimes		0 55

NUMÉROS des PRIX.	DESIGNATION DES OUVRAGES.	PRIX de L'UNITÉ.
227.	*Parements vus de moellon brut*, pour taille grossière de la face et des lits et joints, exécutée par l'ouvrier maçonnant : Le mètre superficiel est estimé, savoir :	
	1° En moellon granitique du n° 84, cinquante centimes	0f 50
	2° En moellon siliceux du n° 85, trente-cinq centimes	0 35
	3° En moellon calcaire du n° 86, trente centimes	0 30
	4° En moellon calcaire du n° 87, trente centimes	0 30
228.	*Parements vus de moellon smillé et échantillonné*, y compris la façon des lits et joints exécutés par un ouvrier spécial, tailleur de pierre, étranger à la façon de la maçonnerie : Le mètre superficiel est estimé, savoir :	
	1° En moellon granitique du n° 84, quatre francs quatre-vingts centimes	4 80
	2° En moellon siliceux du n° 85, deux francs quatre-vingts centimes	2 80
	3° En moellon calcaire du n° 86, deux francs soixante centimes	2 60
	4° En moellon calcaire du n° 87, deux francs soixante centimes	2 60
	5° Lorsque les arêtes seront ciselées, les prix du n° 229 seront augmentés de deux francs	2 00
229.	*Parements vus de moellon smillé, piqué et échantillonné*, y compris la façon des lits et joints : Le mètre superficiel est estimé, savoir :	
	1° En moellon granitique du n° 91, six francs cinquante centimes	6 50
	2° En moellon siliceux du n° 92, quatre francs.	4 00
	3° En moellon calcaire du n° 93, trois francs cinquante centimes	3 50
	4° En moellon calcaire du n° 94, trois francs cinquante centimes.	3 50
	5° Lorsque les arêtes seront ciselées, les prix du n° 229 seront augmentés de deux francs	2 00
230.	*Jointoiement simple*, sur parement vu de moellon : Le mètre superficiel est estimé, savoir :	
	1° En plâtre fin, quarante centimes.	0 40
	2° En mortier fin de chaux grasse du n° 124, trente centimes	0 30

NUMÉROS des PRIX.	DÉSIGNATION DES OUVRAGES.	PRIX de L'UNITÉ.
	3° En mortier hydraulique fin du n° 126, trente-cinq centimes	0f 35
	4° En mortier hydraulique fin du n° 128, quarante centimes	0 40
	5° En mortier de ciment hydraulique fin du n° 130, quatre-vingts centimes.	0 80
	6° En mortier de ciment hydraulique fin de Portland du n° 132, quatre-vingt-dix centimes.	0 90
	7° En mortier de chaux hydraulique et ciment de tuileau du n° 133, soixante-dix centimes.	0 70
251.	*Jointoiement en mortier*, à joints saillants, bien lissés et dégagés, sur parement vu de moellon : Le mètre superficiel est estimé, savoir : 1° En mortier fin de chaux grasse du n° 124, cinquante centimes.	0 50
	2° En mortier hydraulique fin du n° 126, cinquante-cinq centimes	0 55
	3° En mortier hydraulique fin du n° 128, soixante centimes	0 60
	4° En mortier de ciment hydraulique fin du n° 130, quatre-vingt-dix centimes.	0 90
	5° En mortier de ciment hydraulique fin de Portland du n° 132, un franc.	1 00
	6° En mortier de chaux hydraulique et ciment de tuileau du n° 133, quatre-vingts centimes	0 80
252.	*Jointoiement* sur parement vu de pierre de taille : Le mètre superficiel est estimé, savoir : 1° En plâtre fin, vingt-cinq centimes	0 25
	2° En mortier fin de chaux grasse du n° 124, dix centimes.	0 10
	3° En mortier hydraulique fin du n° 126, quinze centimes	0 15
	4° En mortier hydraulique fin du n° 128, vingt centimes.	0 20
	5° En mortier de ciment hydraulique fin du n° 130, quarante centimes	0 40
	6° En mortier de ciment hydraulique fin de Portland du n° 132, quarante-cinq centimes.	0 45
	7° En mortier de chaux hydraulique et ciment de tuileau du n° 133, trente-cinq centimes	0 35

NUMÉROS des PRIX.	DÉSIGNATION DES OUVRAGES.	PRIX de L'UNITÉ.
233.	*Jointoiement simple* sur parement vu de brique : Le mètre superficiel est estimé, savoir :	
	1° En plâtre fin, un franc	1f 00
	2° En mortier fin de chaux grasse du n° 124, soixante-dix centimes	0 70
	3° En mortier hydraulique fin du n° 126, soixante-quinze centimes.	0 75
	4° En mortier hydraulique fin du n° 128, quatre-vingts centimes.	0 80
	5° En mortier de ciment hydraulique fin du n° 130, un franc vingt centimes.	1 20
	6° En mortier de ciment hydraulique fin de Portland du n° 132, un franc trente centimes	1 30
	7° En mortier de chaux hydraulique et ciment de tuileau du n° 133, un franc.	1 00
234.	*Jointoiement en mortier* sur parement vu de brique avec passage au fer et nettoyage des parements : Ce jointoiement sera payé aux prix précédents, augmentés par mètre superficiel d'une plus-value de vingt centimes.	0 20
235.	*Jointoiement en plâtre* ou en mortier teinté, sur parement vu de brique, avec passage au grès et à l'huile : Le mètre superficiel est estimé, savoir :	
	1° En plâtre, un franc soixante centimes	1 60
	2° En mortier fin de chaux grasse du n° 124, un franc quarante centimes.	1 40
	3° En mortier hydraulique fin du n° 128, un franc cinquante centimes	1 50
	4° En mortier de chaux hydraulique et ciment de tuileau du n° 133, un franc soixante centimes . . .	1 60
236.	*Jointoiement* dit à l'anglaise, en mortier, à joints saillants blancs, de 0m 005 de largeur, faits avec beaucoup de soin : Le mètre superficiel est estimé, savoir :	
	1° En mortier fin de chaux grasse du n° 124, deux francs soixante-dix centimes.	2 70
	2° En mortier hydraulique fin du n° 128, ou de ciment de tuileau du n° 133, trois francs.	3 00
237.	*Rocaillage en plein*, en meulière concassée et mortier, y compris dégradage de la maçonnerie : Le mètre superficiel est estimé, savoir :	
	1° Avec mortier fin de chaux grasse du n° 124, quatre-vingt-dix-neuf centimes	0 99

NUMÉROS des PRIX.	DÉSIGNATION DES OUVRAGES.	PRIX de L'UNITÉ.
	DÉTAIL.	
	Meulière concassée 0f 10	
	0m 04 de mortier fin à 11f 00 (n° 124) 0 44	
	Choix des éclats de meulière, dégradage de la maçonnerie, approche et emploi des matériaux et tous faux frais 0 45	
	TOTAL. 0f 99	
	2° Avec mortier hydraulique fin du n° 126, un franc dix centimes	1f 10
	DÉTAIL.	
	Meulière, main-d'œuvre et faux frais comme ci-dessus 0f 55	
	0m 04 de mortier fin à 13f 80 (n° 126) 0 55	
	TOTAL. 1f 10	
	3° Avec mortier hydraulique fin du n° 128, ou de ciment de tuileau du n° 133, un franc trente-cinq centimes.	1 35
	DÉTAIL.	
	Meulière, main-d'œuvre et faux frais comme ci-dessus 0f 55	
	0m 04 de mortier fin à 20f 00 (n° 128) 0 80	
	TOTAL. 1f 35	
	4° Avec mortier de ciment hydraulique fin du n° 130, trois francs	3 00
	DÉTAIL.	
	Meulière, main-d'œuvre et faux frais comme ci-dessus 0f 55	
	0m 04 de mortier de ciment hydraulique fin à 60f 90 (n° 130) 2 45	
	TOTAL. 3f 00	
	5° Avec mortier de ciment hydraulique fin de Portland du n° 132, trois francs dix centimes	3 10
	DÉTAIL.	
	Meulière, main-d'œuvre et faux frais comme ci-dessus 0f 55	
	0m 04 de mortier de ciment hydraulique fin de Portland à 64f 00 (n° 132). . 2 55	
	TOTAL. 3f 10	

NUMÉROS des PRIX.	DÉSIGNATION DES OUVRAGES.	PRIX de L'UNITÉ.
258.	*Évidements* entre deux ou trois côtés conservés, soit à la pioche, soit à la masse et au poinçon : Le mètre cube est estimé, savoir :	
	1° De pierre de taille en roche granitique du n° 97, trente francs.	30f 00
	2° De pierre de taille en roche granitique du n° 98, trente-cinq francs.	35 00
	3° De pierre de taille en roche calcaire du n° 99, quinze francs	15 00
	4° De pierre de taille en roche calcaire du n° 100, quinze francs	15 00
	5° De pierre de taille franche en calcaire du n° 102, dix francs	10 00
	6° De pierre de taille franche en calcaire du n° 103, dix francs	10 00
	7° De pierre de taille tendre en calcaire du n° 104, dix francs.	10 00
	8° De pierre de taille tendre en calcaire du n° 105, dix francs.	10 00
	9° De maçonnerie de brique, cinq francs	5 00
	10° De maçonnerie de moellon dur, sept francs.	7 00
	11° De maçonnerie de moellon tendre, cinq francs	5 00
259.	*Refouillements* entre un plus grand nombre de côtés conservés, soit à la pioche, soit à la masse et au poinçon : Le mètre cube est estimé, savoir :	
	1° De pierre de taille en roche granitique du n° 97, soixante francs.	60 00
	2° De pierre de taille en roche granitique du n° 98, soixante-dix francs	70 00
	3° De pierre de taille en roche calcaire du n° 99, trente francs.	30 00
	4° De pierre de taille en roche calcaire du n° 100, trente francs	30 00
	5° De pierre de taille franche en calcaire du n° 102, quinze francs	15 00
	6° De pierre de taille franche en calcaire du n° 103, quinze francs	15 00
	7° De pierre de taille tendre en calcaire du n° 104, quinze francs	15 00

NUMÉROS des PRIX.	DÉSIGNATION DES OUVRAGES.	PRIX de L'UNITÉ.
	8° De pierre de taille tendre en calcaire du n° 105, quinze francs	15f 00
	9° De maçonnerie de brique, dix francs	10 00
	10° De maçonnerie de moellon dur, quinze francs	15 00
	11° De maçonnerie de moellon tendre, dix francs.	10 00
240.	*Trous et entailles* pour pattes, goujons, scellements divers, encastrements de pièces, etc. : Ils sont estimés, savoir : 1° Au-dessus de 0m 30 de côté, les trous et entailles seront comptés comme les refouillements entre quatre côtés conservés, détaillés ci-dessus, n° 239.	
	2° A 0m 30 de côté et au-dessous, les trous et entailles seront payés, par centimètre de profondeur, comme 0m 01 de surface de la taille unie des différentes pierres dans lesquelles ils seront pratiqués. Cette évaluation sera aussi applicable aux trous pour ancres, ou autres, faits à la barre. Nota. Les trous en brique et ceux en moellon sont comptés aux légers ouvrages.	
241.	*Taille de parement vu de pierre de taille*, à surface plane, verticale ou inclinée, entre larges ciselures, y compris la taille des lits et des joints, et le ragrément : Le mètre superficiel est estimé, savoir : 1° De pierre de taille en roche granitique du n° 97, y compris le ravalement, huit francs cinquante centimes	8 50
	2° De pierre de taille en roche granitique du n° 98, y compris le ravalement, huit francs cinquante centimes.	8 50
	3° De pierre de taille en roche calcaire du n° 99, y compris le ravalement, trois francs cinquante centimes	3 50
	4° De pierre de taille en roche calcaire du n° 100, y compris le ravalement, trois francs cinquante centimes.	3 50
	5° De pierre de taille franche en calcaire du n° 102, trois francs cinquante centimes.	3 50
	6° De pierre de taille franche en calcaire du n° 103, deux francs cinquante centimes	2 50
	7° De pierre de taille tendre en calcaire du n° 104, deux francs cinquante centimes	2 50
	8° De pierre de taille tendre en calcaire du n° 105, deux francs cinquante centimes	2 50
242.	*Taille de parement vu de pierre de taille*, à surface courbe : Le mètre superficiel est estimé un tiers en sus des prix de taille ci-dessus	1/3

NUMÉROS des PRIX.	DÉSIGNATION DES OUVRAGES.	PRIX de L'UNITÉ.
243.	*Taille de moulures en pierre de taille*, le profil pourtourné, en comptant dans le développement les frises et les tables ne dépassant pas 0m 20, et y compris le ragrément en plein, le jointoiement en mortier couleur de pierre, le passage à la ripe et au papier de verre :	
	Le mètre superficiel est estimé à deux fois la taille de parement vu du n° 241	2
244.	*Taille de moulures en pierre de taille*, pour archivoltes ou parties cintrées :	
	Le mètre superficiel est estimé à une fois et un tiers de la taille ci-dessus, ou deux fois et deux-tiers la taille de parement vu du n° 241.	
	NOTA. On ne comptera pas de plus-value pour les angles saillants ou rentrants, ni pour les amortissements. Par compensation, le développement des moulures sera pris sur leur plus grande longueur.	
245.	*Mitre* en terre cuite ou en grès :	
	Chaque mitre est estimée, savoir :	
	1° Pour fourniture et pose, compris solins, deux francs vingt centimes	2f 20
	2° Pour pose seule, compris solins, un franc	1 00
246.	*Mitron* en terre cuite ou en grès :	
	Chaque mitron est estimé, savoir :	
	1° Pour fourniture et pose, compris solins, un franc soixante-quinze centimes	1 75
	2° Pour pose seule, compris solins, quatre-vingts centimes	0 80
	LÉGERS OUVRAGES EN PLATRE.	
247.	*Prix de l'unité* des légers ouvrages en plâtre :	
	Le mètre superficiel est estimé, trois francs	3 00
	LÉGERS OUVRAGES EN PLATRE, AU MÈTRE SUPERFICIEL.	
	ÉVALUATIONS PROPORTIONNELLES AU PRIX CI-DESSUS DE L'UNITÉ.	
248.	*Aire en plâtre*, de 0m 05 d'épaisseur, vingt-cinq centimes.	0 25
	Chaque centimètre cube en plus ou en moins, cinq centimes	0 05
249.	*Augets :*	
	1° Auget ordinaire, quarante centimes	0 40
	2° Auget cintré en gorge, cinquante centimes.	0 50
	3° Auget en sous-œuvre, plus-value sur les évaluations ci-dessus, cinq centimes	0 05

NUMÉROS des PRIX.	DÉSIGNATION DES OUVRAGES.	PRIX de L'UNITÉ.
250.	*Cendrier*, cinquante centimes	0f 50
251.	*Cloisons en carreaux de plâtre*, de 0m 08 d'épaisseur :	
	1° Cloison avec enduit sur deux faces, un franc	1 00
	2° Cloison avec jointoiement seulement, sur les deux faces, soixante-dix centimes.	0 70
	3° Cloison pour pose des carreaux seulement, avec jointoiement sur les deux faces, vingt centimes. .	0 20
252.	*Crépi plein*, compris gobetage, sur brique, moellon meulière :	
	1° Sur mur neuf, dix-sept centimes	0 17
	2° Sur mur vieux, compris hachement de l'ancien crépi ou enduit, vingt-cinq centimes.	0 25
253.	*Échafauds horizontaux* ou *verticaux*, huit centimes	0 08
	Nota. Les échafauds horizontaux pour plafonds, voûtes, voussures, seront mesurés et comptés d'après leur surface horizontale. Les échafauds verticaux seront comptés suivant leur surface verticale, sans rien ajouter pour les planchers horizontaux, élevés de 2m 00 en 2m 00, et ayant jusqu'à 1m 50 de largeur. Toutes les évaluations de légers comprennent la valeur des échafauds nécessaires. Néanmoins, lorsque les jointoiements, crépis, enduits, etc., seront faits en ravalement extérieur sur vieux murs, avec échafauds de plus de 4m 00 de hauteur, ou dans des cas tout-à-fait exceptionnels, il sera fait application de l'évaluation ci-dessus en tout ou en partie.	
254.	*Enduit*, compris crépi et gobetage, de 0m 01 à 0m 02 d'épaisseur, sur moellon meulière, brique, cloison, pan de bois, etc. :	
	1° Sur partie neuve, vingt-cinq centimes	0 25
	2° Sur partie vieille, compris hachement de l'ancien crépi ou enduit, trente-trois centimes	0 33
	3° Sur plafond, cinquante centimes.	0 50
	4° Pour briquetage avec joints tirés au crochet remplis en blanc, plus-value sur les évaluations ci-dessus, cinquante centimes	0 50
	Circulaire à simple courbure, plus-value sur les prix ci-dessus :	
	5° Sur mur, cloison, etc., cinquante centimes	0 50
	6° Sur plafond, soixante-quinze millimes	0 075
	Circulaire à double courbure, plus-value sur les prix ci-dessus :	
	7° Sur mur, cloison, etc., quinze centimes	0 15
	8° Sur plafond, vingt-cinq centimes	0 25

NUMÉROS des PRIX.	DÉSIGNATION DES OUVRAGES.	PRIX de L'UNITÉ.
	9° En plâtre passé au tamis de soie, plus-value sur tous les prix d'enduit, dix centimes.	0f 10
	NOTA. Pour enduit en raccord (voir *naissance* ou *raccord d'enduit*, nos 261 et 279). Pour enduit renformis (voir *renformis*, n° 267).	
255.	*Entrevous*, dix-sept centimes	0 17
256.	*Hourdis pour cloisons et pans de bois*, en plâtre et plâtras fournis : 1° Pour cloisons de 0m 06 à 0m 08 d'épaisseur, trente-trois centimes	0 33
	2° Pour chaque centimètre d'épaisseur en plus, trois centimes	0 03
	3° Pour pans de bois de 0m 14 à 0m 16 d'épaisseur, trente-trois centimes	0 33
	4° Pour chaque centimètre d'épaisseur en plus, quinze millimes	0 015
257.	*Hourdis pour cloisons et pans de bois*, en plâtre et plâtras non fournis : 1° Pour cloisons de 0m 06 à 0m 08 d'épaisseur, vingt-sept centimes.	0 27
	2° Pour chaque centimètre d'épaisseur en plus, deux centimes.	0 02
	3° Pour pans de bois de 0m 14 à 0m 16 d'épaisseur, vingt-sept centimes.	0 27
	4° Pour chaque centimètre d'épaisseur en plus, un centime.	0 01
258.	*Hourdis en plâtras* posés à sec, la moitié des évaluations ci-dessus.	
259.	*Hourdis pour planchers et voûtes en bois ou en fer*, compris façon en augets cintrés sur le dessus, et cintrage en planches dessous : *Hourdis plein* en plâtre et plâtras fournis : 1° De 0m 12 d'épaisseur réduite, pour planchers et voûtes en bois, soixante centimes.	0 60
	2° Pour chaque centimètre d'épaisseur en plus, trente-trois millimes	0 033
	3° De 0m 08 d'épaisseur réduite, pour planchers et voûtes en fer, soixante centimes.	0 60
	4° Pour chaque centimètre d'épaisseur en plus, cinq centimes	0 05
	Hourdis plein, en plâtre et plâtras non fournis : 1° De 0m 12 d'épaisseur réduite, pour planchers et voûtes en bois, cinquante centimes	0 50

NUMÉROS des PRIX.	DÉSIGNATION DES OUVRAGES.	PRIX de L'UNITÉ.
	2° Pour chaque centimètre d'épaisseur en plus, trois centimes.	0f 03
	3° De 0m 08 d'épaisseur réduite, pour planchers et voûtes en fer, cinquante centimes	0 50
	4° Pour chaque centimètre d'épaisseur en plus, quarante-cinq millimes.	0 045
	Plus-value de cintrage : 1° Pour voûtes à simple courbure, cinq centimes.	0 05
	2° Pour voûtes à double courbure, quinze centimes.	0 15
260.	*Jointoiement* et crépi apparent : 1° Sur mur neuf, compris dégradage des joints, treize centimes	0 13
	2° Sur mur vieux, compris dégradage des joints, dix-sept centimes.	0 17
	3° Sur brique neuve ou sur brique vieille, y compris dégradage des joints, dix-sept centimes	0 17
261.	*Vaissance* ou raccord d'enduit : 1° Sur mur, au-dessus de 0m 24 de largeur, trente-trois centimes	0 33
	NOTA. A 0m 24 et au-dessous, les raccords d'enduit seront comptés en linéaire.	
	2° Sur plafond, au-dessus de 0m 24 de large, cinquante centimes	0 50
	NOTA. A 0m 24 et au-dessous, les raccords d'enduit seront comptés en linéaire.	
262.	*Languette* pigeonnée et ravalée, de 0m 08 d'épaisseur : 1° Ravalée des deux côtés, un franc	1 00
	2° Ravalée d'un seul côté, soixante-quinze centimes.	0 75
	3° Pour chaque centimètre d'épaisseur en moins, il sera diminué huit centimes	0 08
263.	*Lattis espacé*, de 0m 10 d'axe en axe et cloué : Pour cloison, pan de bois et plafond, huit centimes	0 08
264.	*Lattis jointif*, pour cloison, pan de bois, plafond : 1° Non cloué pour aire, vingt-cinq centimes	0 25

NUMÉROS des PRIX.	DÉSIGNATION DES OUVRAGES.	PRIX de L'UNITÉ.
	2° Cloué avec lattes en travers pour aire, trente-trois centimes.	0f 33
	3° Cloué, pour cloison, pan de bois, plafond, cinquante centimes	0 50
265.	*Paillasse de fourneau de cuisine*, soixante-six centimes.	0 66
266.	*Plaque de contre-cœur* pour pose, coulis, solins et scellement de pattes : 1° Au-dessous de 0m 80 de surface, cinquante centimes	0 50
	2° Au-dessus de 0m 80 de surface, trente-trois centimes	0 33
267.	*Renformis.* Pour les enduits au-dessus de 0m 02 d'épaisseur, sur murs neufs ou sur murs vieux, il sera alloué par chaque centimètre de surépaisseur ou de renformis en plâtre pur, et par mètre superficiel, soixante-cinq millimes.	0 065
268.	*Revêtement* ou enduit de cloison, pan de bois et lambris : 1° Avec lattis espacé, trente-trois centimes	0 33
	2° Avec lattis jointif, soixante-quinze centimes	0 75
269.	*Revêtement* ou enduit de plafond : 1° Avec lattis espacé et augets ordinaires, un franc	1 00
	2° Avec lattis jointif, un franc.	1 00
270.	*Scellement de lambourde :* 1° Lambourdes scellées avec tranchées dans l'aire, dix-sept centimes	0 17
	2° Lambourdes scellées sur l'aire, avec solins de chaque côté, sans augets, trente-trois centimes. . .	0 33
	3° Lambourdes scellées sur l'aire, avec solins de chaque côté, avec augets, quarante-deux centimes .	0 42
	4° Lambourdes scellées sur l'aire, avec solins de chaque côte, avec augets et chaines en travers, cinquante centimes	0 50
	LÉGERS OUVRAGES EN PLATRE AU METRE LINÉAIRE. ÉVALUATIONS.	
271.	*Arête* droite ou arrondie, cinq centimes.	0 05
	NOTA. Les arêtes des languettes pigeonnées sont comprises dans l'évaluation des languettes.	

NUMÉROS des PRIX.	DÉSIGNATION DES OUVRAGES.	ÉVALUATION EN SURFACE DE LÉGERS.
272.	*Bandeau* :	
	1° Crépi moucheté, quinze centimes	0f 15
	2° Enduit, vingt centimes.	0 20
273.	*Capucine*, vingt-cinq centimes.	0 25
274.	*Crevasse* hachée et bouchée :	
	1° En mur, pan de bois ou cloison, cinq centimes	0 05
	2° En plafond ou en ravalement, huit centimes	0 08
	3° A la corde nouée, treize centimes	0 13
275.	*Descellement* au pourtour des bâtis, huisseries, dormants de croisées, etc., quinze millimes	0 015
276.	*Feuillure*, dix centimes	0 10
277.	*Joint tiré au crochet* sur enduit, trois centimes.	0 03
278.	*Moulures* :	
	1° Chaque face plane, jusqu'à 0m 05 de large, cinq centimes	0 05
	2° Chaque moulure courbe ou mixtiligne, jusqu'à 0m 10 de large, dix centimes	0 10
	NOTA. Au-dessus de ces dimensions, chaque face plane ou moulure courbe sera comptée à l'entier de légers, pour son développement réel. Toutefois, lorsque dans des frises, tables renfoncées ou saillantes, champs ou bandeaux unis, réservés entre deux profils ou poussés au calibre avec d'autres moulures, la largeur de la partie unie dépassera 0m 20, elle ne sera plus comptée que pour son développement réel qui sera réduit au quart de légers.	
	3° Plus-value des moulures courant circulairement, soit sur plan droit, soit sur surface circulaire, le tiers des évaluations ci-dessus	$\frac{1}{3}$
	4° Plus-value des moulures sur surface à double courbure, une fois les évaluations ci-dessus.	
	5° Plus-value pour emploi de plâtre passé au tamis de soie. Le produit en légers des moulures sera multiplié par 1m 15.	
	NOTA. On ne comptera pas les saillies masses ; la valeur de ces saillies étant comprise dans l'évaluation des moulures. On déduira un quart de légers de la surface occupée par les moulures; en d'autres termes, les enduits sur les murs ne seront pas comptés au droit de l'emplacement des moulures, et l'emplacement que les moulures occuperont sur les plafonds, sera compté avec déduction d'un quart de légers sur l'élévation des plafonds	$\frac{1}{4}$

NUMÉROS des PRIX.	DÉSIGNATION DES OUVRAGES.	ÉVALUATION EN SURFACE DE LÉGERS.
279.	*Naissance* ou raccord d'enduit : *Sur mur :* 1° Jusqu'à 0m 24 de large, huit centimes	0f 08
	2° Au-dessus de 0m 24 en surface (voir les *légers* au mètre superficiel).	
	Sur plafond : 1° Jusqu'à 0m 24 de large, douze centimes	0 12
	2° Au-dessus de 0m 24, en surface (voir les *légers* au mètre superficiel).	
280.	*Rejointoiement* sur vieille construction en pierre, compris dégradage des joints, cinq centimes . . .	0 05
281.	*Solin :* 1° Au pourtour des dormants de croisée, des planchers en menuiserie, collets de marches, etc., cinq centimes.	0 05
	2° De mangeoires, de tuyaux de descente, dix centimes	0 10
	3° D'auvent et autres semblables, vingt centimes	0 20
282.	*Tranchée et scellement* en moellon, jusqu'à 0m 05 inclusivement de largeur et de profondeur, ou l'équivalent, huit centimes.	0 08
283.	*Tuyaux en terre cuite,* isolés ou réunis, fournis et posés : De 0m 054 de diamètre intérieur : 1° Nus, trente-cinq centimes.	0 35
	2° Avec chemise en plâtre, compris arêtes, cinquante centimes	0 50
	3° Avec chemise en plâtre, compris arêtes et collets en mastic, soixante centimes.	0 60
	De 0m 08 de diamètre intérieur : 1° Nus, quarante centimes.	0 40
	2° Avec chemise en plâtre, compris arêtes, soixante centimes	0 60
	3° Avec chemise et collets, comme ci-dessus, soixante-dix centimes	0 70
	De 0m 11 de diamètre intérieur : 1° Nus, quarante-cinq centimes.	0 45

NUMÉROS des PRIX.	DESIGNATION DES OUVRAGES.	ÉVALUATION EN SURFACE DE LÉGERS.
	2° Avec chemise en plâtre, compris arêtes, soixante-dix centimes.	0f 70
	3° Avec chemise et collets, comme ci-dessus, quatre-vingts centimes	0 80
	De 0m 135 de diamètre intérieur : 1° Nus, cinquante centimes	0 50
	2° Avec chemise en plâtre, compris arêtes, quatre-vingts centimes	0 80
	3° Avec chemise et collets, comme ci-dessus, quatre-vingt-dix centimes	0 90
	De 0m 16 de diamètre intérieur : 1° Nus, cinquante-cinq centimes.	0 55
	2° Avec chemise en plâtre, compris arêtes, quatre-vingt-dix centimes.	0 90
	3° Avec chemise et collets, comme ci-dessus, un franc cinq centimes	1 05
	De 0m 19 de diamètre intérieur : 1° Nus, soixante-cinq centimes	0 65
	2° Avec chemise en plâtre, compris arêtes, un franc	1 00
	3° Avec chemise et collets, comme ci-dessus, un franc quinze centimes.	1 15
	De 0m 22 de diamètre intérieur : 1° Nus, soixante-quinze centimes.	0 75
	2° Avec chemise en plâtre, compris arêtes, un franc vingt centimes.	1 20
	3° Avec chemise et collets, comme ci-dessus, un franc quarante centimes	1 40
	De 0m 24 de diamètre intérieur : 1° Nus, quatre-vingt-cinq centimes.	0 85
	2° Avec chemise en plâtre, compris arêtes, un franc trente centimes	1 30
	3° Avec chemise et collets, comme ci-dessus, un franc cinquante-cinq centimes	1 55
284.	*Tuyaux en fonte*, pour pose : 1° Pour chausses d'aisances, compris trous et scellements de brides et crochets, en moellon, brique et pierre tendre : Nus, trente centimes.	0 30

NUMÉROS des PRIX.	DÉSIGNATION DES OUVRAGES.	ÉVALUATION EN SURFACE DE LÉGERS.
	Avec chemise en plâtre, y compris arêtes, quatre-vingts centimes	0f 80
	2° Pour ventouses ou tuyaux de descente, compris trous et scellements de brides et crochets, en moellon, brique et pierre tendre :	
	Nus, vingt centimes	0 20
	Avec chemise en plâtre, soixante centimes	0 60
285.	*Tuyaux de cheminée au moule*, dans l'épaisseur des murs en moellon. Plus-value de façon et d'enduit, vide non déduit, trente centimes	0 30
286.	*Tuyaux de cheminée au moule*, en saillie sur les murs, et construit en plâtras et plâtre :	
	1° Pour souche à un seul conduit, compris enduit et arêtes, un franc.	1 00
	2° Pour chacun des autres conduits dans une même souche, quatre-vingts centimes	0 80
	LÉGERS OUVRAGES EN PLATRE, A LA PIECE.	
	ÉVALUATIONS PROPORTIONNELLES AUX PRIX CI-DESSUS DE L'UNITÉ.	
287.	*Pose de chambrante de cheminée*, compris trous et scellement des pattes :	
	1° Sans foyer, soixante centimes.	0 60
	2° Avec foyer, soixante-quinze centimes	0 75
288.	*Dépose de chambrante de cheminée*, avec rangement :	
	1° Sans foyer, vingt centimes	0 20
	2° Avec foyer, vingt-cinq centimes	0 25
289.	*Denticule :*	
	1° Jusqu'à 0m 06, deux centimes.	0 02
	2° Jusqu'à 0m 06, avec développement carré, trois centimes	0 03
	3° Jusqu'à 0m 06, avec langue de chat, quatre centimes	0 04
	4° Plus-value sur les évaluations ci-dessus, pour les denticules de 0m 07 à 0m 11, un centime.	0 01
290.	*Mitre en plâtre :*	
	1° Grand moule, pour fourniture et pose, soixante-dix centimes	0 70

NUMÉROS des PRIX.	DÉSIGNATION DES OUVRAGES.	ÉVALUATION EN SURFACE DE LÉGERS
	2° Double pour fourniture et pose, cinquante centimes.	0f 50
	3° Pour pose avec solins intérieurs et extérieurs, trente centimes	0 30
291.	*Pose de fourneau économique*, cinquante centimes	0 50
292.	*Pose et scellement de réchaud ou de poissonnière*, quinze centimes.	0 15
293.	*Siége d'aisance :*	
	Pour pose, compris solins, soixante-quinze centimes.	0 75
	Mécanique, pour pose et scellement, trente centimes.	0 30
294.	*Trous et scellement dans le moellon* jusqu'à 0m 30 de côté :	
	Ils seront comptés, à raison de 0m 01 de légers, pour chaque centimètre de profondeur, un centime.	0 01
295.	*Trous et scellement dans la meulière ou la brique*, jusqu'à 0m 30 de côté :	
	Ils seront comptés, à raison de 0m 015 de légers pour chaque centimètre de profondeur, quinze millimes	0 015
	NOTA. Les trous de plus de 0m 30 de côté dans le moellon, la meulière ou la brique, seront comptés comme refouillements, aux prix du n° 259 de la série ; les scellements qui les remplissent, aux prix des maçonneries de moellon de meulière ou de briques en reprise, du n° 321, sans déduction de l'emplacement occupé par les pièces scellées.	
296.	*Scellements dans la pierre de taille*, les trous étant comptés aux prix du n° 240 :	
	1° Pour les trous au-dessous de 0m 30 de côté, la moitié de l'évaluation des trous et scellements faits dans le moellon (voir n° 294).	
	2° Pour les trous au-dessus de 0m 30 de côté, au prix du mètre cube des maçonneries de moellon de meulière ou de brique en reprise du n° 321, sans déduction de l'emplacement occupé par les pièces scellées.	
297.	*Descellements et rebouchements de trous :*	
	1° Jusqu'à 0m 30 de côté, les mêmes prix que ceux comptés pour les trous et scellements dans le moellon, la meulière, la brique et la pierre de taille.	
	2° Au-dessus de 0m 30 de côté, les mêmes prix que ceux comptés pour démolition et reconstruction en reprise (nos 311 et 321).	
298.	*Descellements sans rebouchements de trous :*	
	1° Jusqu'à 0m 30 de côté, la moitié des prix du numéro précédent.	
	2° Au-dessus de 0m 30 de côté, les mêmes prix que ceux de la démolition en reprise (n° 311).	

NUMÉROS des PRIX.	DÉSIGNATION DES OUVRAGES.	PRIX de L'UNITÉ.
299.	*Bouchement de trous :*	
	1° Jusqu'à 0m 30 de côté, la moitié des prix comptés pour trous et scellements.	
	2° Au-dessus de 0m 30 de côté, les mêmes prix que ceux de la construction en reprise (n° 321).	
	§ 2. OUVRAGES EN VIEUX MATÉRIAUX.	
	DÉMOLITIONS.	
300.	*Démolitions de légers ouvrages* en plâtre : Le mètre cube est estimé, trois francs	3f 00
	Évaluations, au mètre superficiel, des démolitions de légers ouvrages, proportionnelles au prix ci-dessus du mètre cube.	
301.	*Aire compris foisonnement*, cinq centimes	0 05
302.	*Augets :*	
	1° De plafond et de lambris, sans déduction des bois, cinq centimes	0 05
	2° De lambourdes, avec ou sans chaînes, sans déduction des bois, six centimes	0 06
303.	*Cloison* à claire-voie, compris hourdis et deux enduits, et descellement des bois, sept centimes . .	0 07
304.	*Corniche :*	
	1° Sur plancher ou plafond démoli, dix centimes	0 10
	2° Seule, sans démolition de plancher ou de plafond, quinze centimes	0 15
305.	*Enduit* de plafond, de lambris, de bois de charpente, de cloison sourde, cinq centimes	0 05
306.	*Hourdis* plein :	
	1° De plancher en bois, sans déduction des bois, dix centimes.	0 10
	2° De plancher en fer et bande de trémie, quinze centimes	0 15
307.	*Languette :*	
	1° En plâtre, sept centimes	0 07
	2° En brique, son épaisseur réelle augmentée de 0m 015 pour chaque enduit, quinze millimes . . .	0 015

NUMÉROS des PRIX.	DÉSIGNATION DES OUVRAGES.	PRIX de L'UNITÉ.
308.	*Pan de bois*, le cube, déduction faite des vides, réduit aux deux tiers pour déduction des bois : Le mètre superficiel est estimé, trente centimes.	0f 30
309.	*Démolition en grandes parties de maçonneries de toute nature*, en fondation ou en élévation, avec triage, descente ou montage, transport des matériaux en dépôt à 30m 00 en moyenne, et mise à part des gravois : Le mètre cube est estimé, savoir : 1° Maçonnerie à pierre sèche en moellon ou en meulière, un franc.	1 00
	2° Mur de clôture en béton, moellon, meulière ou brique, deux francs	2 00
	3° Massifs, culées, murs, voûtes, etc., en béton, moellon, meulière ou brique, trois francs.	3 00
	4° Massifs, culées, murs, voûtes, etc., en pierre de taille, déposée et jetée sans les précautions nécessaires à sa conservation, huit francs	8 00
	5° Massifs, culées, murs, voûtes, etc., en pierre de taille, déposée avec soin et nettoyée pour être réemployée, dix francs	10 00
310.	*Démolition en petites parties de maçonneries de toute nature*, en fondation ou en élévation, avec triage, descente ou montage, transport des matériaux en dépôt à 30m 00 en moyenne, et sortie des gravois : 1° Murs ou voûtes en béton, moellon, meulière ou brique, quatre francs	4 00
	2° Murs ou voûtes en pierre de taille, déposée et jetée sans les précautions nécessaires à sa conservation, neuf francs.	9 00
	3° Murs ou voûtes en pierre de taille, déposée avec soin et nettoyée pour être réemployée, dix francs	10 00
311.	*Démolition en reprise ou en percement*, à la pioche ou à la masse et au poinçon, de maçonneries en fondation ou en élévation, avec triage, descente ou montage et transport des matériaux en dépôt à 30m 00 en moyenne, et sortie des gravois : Le mètre cube est estimé, savoir : 1° En moellon, quatre francs.	4 00
	2° En béton, meulière ou brique, quatre francs cinquante centimes	4 50
	3° En pierre de taille, tendre ou franche, en partie piochée, en partie déposée, douze francs	12 00
	4° En pierre de taille dure, en partie piochée, en partie déposée, quinze francs.	15 00

NUMÉROS des PRIX.	DÉSIGNATION DES OUVRAGES.	PRIX de L'UNITÉ.
312.	*Démolition en reprise ou en percement*, à la pioche ou à la masse et au poinçon dans l'embarras des étais, de maçonneries en fondation ou en élévation, avec triage, descente ou montage et transport des matériaux à 30m 00 en moyenne et sortie des gravois :	
	Le prix du mètre cube sera augmenté de deux francs	2f 00
313.	*Décarrelage*, quel que soit le modèle des carreaux, et rangement de manière à permettre le remaniement des carreaux ou leur enlèvement :	
	Le mètre superficiel est estimé, quinze centimes.	0 15
314.	*Décrottage et empilage régulier de carreaux*, payé d'après le nombre de carreaux pouvant servir :	
	Le mille est estimé, savoir :	
	1° En carreaux du n° 115, douze francs.	12 00
	2° En carreaux du n° 116, quinze francs	15 00
	3° En carreaux du n° 117, huit francs	8 00
	4° En carreaux du n° 118, quinze francs.	15 00
	5° En carreaux du n° 119, dix francs.	10 00
315.	*Décrottage et empilage régulier de briques*, payé d'après le nombre de briques pouvant servir :	
	Le mille est estimé, savoir :	
	1° En briques de 0m 22 sur 0m 11 et 0m 055, huit francs	8 00
	2° En briques de Janzé, huit francs.	8 00
	3° En briques percées de 0m 22 sur 0m 11 et 0m 055, huit francs	8 00
	4° En briques percées de 0m 22 sur 0m 11 et 0m 11, seize francs.	16 00
316.	*Nettoyage, rangement et emmétrage de moellon, de meulière ou de pierre de taille de petit échantillon :*	
	Le mètre cube, mesuré après le nettoyage, est estimé quarante centimes	0 40
	DÉTAIL.	
	Nettoyage et rangement. 0f 20	
	Emmétrage 0 20	
	TOTAL. 0f 40	
317.	*Bardage de matériaux* jusqu'à 100m 00 au-delà du rayon de 30m 00 fixé pour le bardage, compris dans les prix de matériaux :	
	1° Pour chaux, plâtre, ciment, sable ou caillou :	
	Le mètre cube est estimé, savoir :	
	Chargement sur brouette, quinze centimes	0 15

NUMÉROS des PRIX.	DÉSIGNATION DES OUVRAGES.	PRIX de L'UNITÉ.
	Transport, pour chaque distance de 10^m 00, en palier ou en rampe, dix centimes	0^f 10
	2° Pour moellon, meulière ou brique : Le mètre cube est estimé, savoir : Chargement sur brouette, quinze centimes	0 15
	Transport, pour chaque distance de 10^m 00, en palier ou en rampe, dix centimes	0 10
	3° Pour pierre de taille de nature quelconque, autre que celle de granit : Le mètre cube est estimé, savoir : Chargement sur binard, soixante-dix centimes.	0 70
	Transport, pour chaque distance de 10^m 00, en palier ou en rampe, douze centimes	0 12
	4° Pour pierre de taille de granit : Le mètre cube est estimé, savoir : Chargement sur binard, un franc	1 00
	Transport, pour chaque distance de 10^m 00, en palier ou en rampe, quinze centimes	0 15
318.	*Bardage de matériaux*, au-delà de 100^m 00 de distance : 1° Pour *chaux*, plâtre, *ciment*, sable *ou cailloux* : Le mètre cube est estimé, savoir : Chargement sur voiture, vingt-cinq centimes	0 25
	Transport à une première distance de 100^m 00, quatre-vingt-quinze centimes.	0 95
	Pour chaque distance de 100^m 00 en sus, dix centimes.	0 10
	2° Pour moellon, meulière ou brique : Le mètre cube est estimé, savoir : Chargement sur voiture, vingt-cinq centimes.	0 25
	Transport à une première distance de 100^m 00, quatre-vingt-quinze centimes	0 95
	Pour chaque distance de 100^m 00 en sus, dix centimes	0 10
	3° Pour pierre de taille de nature quelconque, autre que celle de granit : Le mètre cube est estimé, savoir : Chargement sur voiture, quatre-vingt-quinze centimes	0 95
	Transport à une première distance de 100^m 00, quatre-vingt-quinze centimes.	0 95
	Pour chaque distance de 100^m 00 en sus, dix centimes.	0 10

NUMÉROS des PRIX.	DÉSIGNATION DES OUVRAGES.	PRIX de L'UNITÉ.
	4° Pour pierre de taille de granit :	
	Le mètre cube est estimé, savoir :	
	Chargement sur voiture, un franc cinquante centimes	1f 50
	Transport, à une première distance de 100m 00, un franc	1 00
	Pour chaque distance de 100m 00 en sus, quinze centimes	0 15
	RECONSTRUCTION EN MATÉRIAUX PROVENANT DES DÉMOLITIONS	
519.	*Maçonneries de béton, moellon, meulière, brique et pierre de taille :* Ces maçonneries seront payées aux prix des maçonneries en matériaux neufs, diminués du prix des matériaux non fournis.	
520.	*Maçonneries de béton, moellon, meulière, brique et pierre de taille en reprise :* Les maçonneries en reprise seront payées aux prix résultant du numéro précédent, augmentés du quart du prix de main-d'œuvre et tous faux frais.	1/4
521.	*Maçonneries de béton, moellon, meulière, brique et pierre de taille en reprise, par petites parties,* dans l'embarras des étais : Pour ces maçonneries, l'augmentation sera de moitié du prix de main-d'œuvre et tous faux frais . .	1/2
522.	*Maçonneries de béton, moellon, meulière, brique et pierre de taille en reprise, par incrustement,* dans l'embarras des étais : Pour ces maçonneries, l'augmentation sera des trois quarts du prix de main-d'œuvre et tous faux frais	3/4
523.	*Retaille de lits et joints de pierre de taille :* Lorsque la retaille, totale ou partielle, des lits et joints sera demandée à l'entrepreneur, elle sera payée le tiers du prix du parement de la pierre	1/3
524.	*Ragrément ou recoupement de balèvres de pierre de taille :* Le mètre superficiel est estimé le dixième du prix de la taille du parement vu de la pierre. .	1/10
525.	*Ripage, passage au grès et jointoiement :* Le mètre superficiel est estimé le cinquième du prix de la taille du parement vu de la pierre.	1/5
526.	*Ravalement de la pierre de taille*, avec recoupement, passage au grès et jointoiement en mortier hydraulique fin : Le mètre superficiel est estimé la moitié du prix de la taille du parement vu	1/2
527.	*Plus-value* sur les trois prix précédents pour les parements courbes : Cette plus-value sera du tiers des prix ci-dessus.	1/3

NUMÉROS des PRIX.	DÉSIGNATION DES OUVRAGES.	PRIX de L'UNITÉ.
	NOTA. Les évidements, refouillements, trous et entailles, tailles diverses de parements vus et tailles diverses de moulures, seront comptés aux prix des mêmes travaux en matériaux neufs.	
328.	*Carrelages*, semblables à ceux des n°s 214, 215, 216, 217 et 218 : Ces carrelages seront payés aux prix des carrelages en matériaux neufs, diminués du prix des matériaux non fournis.	

CHAPITRE III.

CHARPENTERIE.

ARTICLE PREMIER. — *Prix élémentaires.*

JOURNÉES.

329.	*Charpentier-compagnon*, compris déplacement, deux francs soixante-dix centimes.	2f 70
330.	*Charpentier-scieur de long*, deux francs trente centimes	2 30
331.	*Charpentier-apprenti*, un franc cinquante centimes.	1 50
332.	*Charpentier-gâcheur*, trois francs cinquante centimes.	3 50

ARTICLE 2. — *Prix des ouvrages.*

§ 1er. OUVRAGES EN BOIS NEUF.

333.	*Charpente en chêne*, refait et varlopé sur toutes les faces, pour ouvrages quelconques, y compris la façon des chanfreins et des feuillures, le levage, l'assemblage et la pose : Le mètre cube est estimé, cent quarante francs	140 00
334.	*Même charpente en chêne*, pour bordures de quais découverts ou quais à voyageurs : Le mètre cube est estimé, cent vingt-cinq francs.	125 00
335.	*Charpente en chêne*, scié sur trois ou quatre faces, pour pans de bois, planchers, combles, chevrons, madriers, etc., y compris le levage, l'assemblage et la pose : Le mètre cube est estimé, cent dix francs.	110 00
336.	*Charpente en chêne*, scié sur une ou deux faces, pour planchers, combles, pans de bois, etc., y compris le levage, l'assemblage et la pose : Le mètre cube est estimé, cent francs.	100 00
337.	*Charpente en chêne*, dit marchand, sans sciages, pour planchers, combles, pans de bois, etc., y compris le levage, l'assemblage et la pose : Le mètre cube est estimé, quatre-vingt-dix francs.	90 00

NUMÉROS des PRIX.	DÉSIGNATION DES OUVRAGES.	PRIX de L'UNITÉ.
338.	*Charpente en chêne équarri*, coupé de longueur, sans assemblages, pour linteaux, supports, pieux, etc., y compris le levage et la pose : Le mètre cube est estimé, quatre-vingts francs	80f 00
339.	*Plus-value* sur les bois de fort équarrissage pour les pièces de charpente en chêne ci-dessus, cubant de 1m 00 à 1m 50 : Le prix du mètre cube sera augmenté de quinze francs.	15 00
340.	*Plus-value* sur les bois de très-fort équarrissage, pour les pièces de charpente en chêne ci-dessus, cubant plus de 1m 50 : Le prix du mètre cube sera augmenté de quarante francs.	40 00
	Charpente en chêne, châtaignier, ou sapin, pour cintres, étais et autres ouvrages provisoires, les bois étant repris par l'entrepreneur : Le mètre cube est estimé, savoir :	
341.	Pour pièces assemblées, cintres, etc., trente-cinq francs	35 00
342.	Pour étais, supports et bois sans assemblages, vingt francs	20 00
343.	*Charpente en châtaignier*, refait et varlopé sur toutes les faces, pour ouvrages quelconques, y compris la façon des chanfreins et des feuillures, le levage, l'assemblage et la pose : Le mètre cube est estimé, cent trente francs.	130 00
344.	*Même charpente en bois de sapin du Nord*, dit premier choix : Le mètre cube est estimé, cent vingt francs	120 00
345.	*Même charpente en bois de sapin du Nord*, dit deuxième choix, ou en sapin du Maine ou de Bretagne : Le mètre cube est estimé, cent francs.	100 00
346.	*Charpente en châtaignier*, scié sur trois ou quatre faces pour planchers, combles, pans de bois, chevrons, madriers, etc., y compris le levage, l'assemblage et la pose : Le mètre cube est estimé, cent dix francs	110 00
347.	*Même charpente en bois de sapin du Nord*, dit de deuxième choix : Le mètre cube est estimé, cent francs.	100 00
348.	*Même charpente en bois de sapin du Nord*, dit de troisième choix, ou en sapin du Maine ou de Bretagne : Le mètre cube est estimé, quatre-vingt-dix francs	90 00
349.	*Charpente en châtaignier*, scié sur une ou deux faces, pour planchers, combles, pans de bois, etc., y compris le levage, l'assemblage et la pose : Le mètre cube est estimé, cent francs	100 00
350.	*Même charpente en bois de sapin du Nord*, dit de deuxième choix : Le mètre cube est estimé, quatre-vingt-dix francs.	90 00
351.	*Même charpente en bois de sapin du Nord*, dit de troisième choix, ou en sapin du Maine et de Bretagne : Le mètre cube est estimé, quatre-vingt-cinq francs.	85 00

NUMÉROS des PRIX.	DÉSIGNATION DES OUVRAGES.	PRIX de L'UNITÉ.
552.	*Charpente en châtaignier*, équarri et coupé de longueur, sans assemblages, pour linteaux, supports, etc., y compris le levage et la pose : Le mètre cube est estimé, soixante-dix francs	70f 00
553.	*Même charpente en bois de sapin du Nord*, dit de deuxième choix : Le mètre cube est estimé, soixante-six francs	66 00
554.	*Même charpente en bois de sapin du Nord*, dit de troisième choix, ou en sapin du Maine ou de Bretagne : Le mètre cube est estimé, soixante-cinq francs.	65 00
555.	NOTA. Les chevrons en chêne ou sapin de 0^m 07 à 0^m 08 d'équarrissage et au-dessus, seront payés aux prix de la charpente.	
556.	*Chevrons en chêne*, de 0^m 04 d'épaisseur, sur 0^m 07 à 0^m 08 de largeur : Le mètre linéaire est estimé, y compris pose et clous, soixante centimes.	0 60
557.	*Chevrons en sapin du Nord*, dit de premier choix, de même équarrissage : Le mètre linéaire est estimé, y compris pose et clous, trente-cinq centimes.	0 35
558.	*Chevrons en sapin du Nord*, dit de troisième choix, ou en sapin du Maine ou de Bretagne, du même équarrissage, mais sciés sur deux ou trois faces seulement : Le mètre linéaire est estimé, y compris pose et clous, trente centimes.	0 30
559.	*Plancher en madriers de sapin du Nord*, de premier choix, de 0^m 08 d'épaisseur et de 0^m 22 de largeur, posés sur lambourdes en chêne de $\frac{0^m\,12}{0^m\,08}$, espacées l'une de l'autre de 1^m 00 d'axe en axe : Le mètre superficiel est estimé, y compris les lambourdes, neuf francs.	9 00
	DÉTAIL.	
	1^m 05 superficiel de madriers, y compris déchet, à 6f 30 . . . . — 6f 62	
	0^k 40 de clous d'épingles, à 0f 90 . . . . — 0 36	
	1^m 00 linéaire de lambourdes de $\frac{0^m\,12}{0^m\,08}$, pour fourniture et pose, à 1f 40 le mètre . . . . — 1 40	
	Approche, façon, pose et clouage des planches . . . . — 0 62	
	TOTAL. . . . . — 9f 00	
560.	*Même plancher en madriers de sapin du Nord*, de deuxième choix ou de châtaignier : Le mètre superficiel est estimé, huit francs	8 00
561.	*Même plancher en madriers de sapin du Maine ou de Bretagne* : Le mètre superficiel est estimé, sept francs	7 00
562.	*Bois de chêne*, de 0^m 05 d'épaisseur, refait sur une face, pour couverture de regard et revêtement de murs de quai, compris pose et fourniture de pointes : Le mètre superficiel est estimé, six francs.	6 00
563.	*Même bois de chêne*, de 0^m 05 d'épaisseur, refait sur une face : Le mètre superficiel est estimé, huit francs.	8 00

NUMÉROS des PRIX.	DÉSIGNATION DES OUVRAGES.	PRIX de L'UNITÉ.
364.	*Parement de bois de chêne ou de châtaignier*, refait au rabot : Le mètre carré est estimé, quarante centimes.	0f 40
365.	*Parement de bois de sapin*, refait au rabot : Le mètre carré est estimé, trente centimes	0 30
366.	*Escaliers en chêne*, à crémaillère simple, dit de meunier, à limon droit, pour les combles et les écuries, marches de 0m 054 d'épaisseur, portant quart de rond, les contre-marches de 0m 027 d'épaisseur, compris les limons et les faux-limons le long des baies : Chaque marche de 0m 80 à 1m 10 de longueur est estimée, toute posée, dix francs	10 00
367.	*Mêmes escaliers*, les limons en chêne, les marches et les contre-marches en bois de sapin du Nord : Chaque marche est estimée, toute posée, huit francs	8 00
368.	*Mêmes escaliers*, les limons en châtaignier, les marches et contre-marches en sapin du pays : Chaque marche est estimée, toute posée, sept francs cinquante centimes	7 50
	Escaliers en chêne, à limons moulurés ou non, à quartiers tournants, les marches de 0m 054 d'épaisseur, portant quart de rond et filets, profilées de face et d'un bout, les contre-marches de 0m 027 d'épaisseur ; les mesures prises, soit entre le mur et le limon, soit dans œuvre du mur et hors œuvre de la crémaillère, y compris pose, ajustage, fourniture de limons et faux limons, au droit des baies : Chaque marche est estimée, toute posée, savoir :	
369.	Pour 1m 00 de longueur et au-dessous, treize francs	13 00
370.	Pour une marche de 1m 01 à 1m 30, quatorze francs cinquante centimes	14 50
371.	Pour une marche de 1m 31 à 1m 60, seize francs	16 00
372.	*Main courante*, en noyer ou en mérisier, élégie, polie et vernie : Le mètre courant est estimé, en partie droite, trois francs	3 00
373.	*Main courante*, en noyer ou en mérisier, élégie, polie et vernie : Le mètre courant est estimé, en partie courbe, quatre francs cinquante centimes	4 50
374.	*Renfles et fourrures*, en bon vieux bois de chêne : Le mètre courant de 0m 05 d'épaisseur est estimé, trente centimes	0 30
375.	*Renfles et fourrures*, en bon vieux bois de chêne : Le mètre courant de 0m 05 à 0m 075 est estimé, quarante centimes	0 40
376.	Nota. Au-dessus de 0m 08 d'épaisseur, les renfles seront payées au mètre cube	Observation.
377.	*Bois de chêne en grume*, pour pieux, etc., sans la pose, la pièce cubant moins de 1m 00 : Le mètre cube est estimé, soixante-quinze francs	75 00
378.	*Même bois de chêne*, la pièce cubant de 1m 00 à 1m 50 : Le mètre cube est estimé, quatre-vingt-quinze francs	95 00
379.	*Bois de chêne en grume*, la pièce cubant de 1m 50 et au-dessus : Le mètre cube est estimé, cent dix francs	110 00

NUMÉROS des PRIX.	DÉSIGNATION DES OUVRAGES.	PRIX de L'UNITÉ.
	§ 2. OUVRAGES EN BOIS PROVENANT DES DÉMOLITIONS.	
580.	*Dépose de bois de chêne ou de sapin*, comprenant la descente au cordage ou à la chèvre, le coltinage à 100m 00 de distance et le rangement : Le mètre cube est estimé, cinq francs	5f 00
581.	*Façon de charpente en bois de chêne ou de sapin*, réemployée pour planchers, combles et cintres, etc., y compris la taille, le bouchement des anciennes mortaises, le coltinage à 100m 00 de distance, le levage, l'assemblage et la pose : Le mètre cube est estimé, seize francs	16 00
582.	*Vieux bois*, employé pour étrésillonnements ou étais : La main-d'œuvre du mètre cube est estimée, dix francs	10 00
	SCIAGE DE BOIS DE CHARPENTE DE DÉMOLITION, COMPTÉ EN PLUS DE LA MAIN-D'ŒUVRE DE CHARPENTE.	
583.	Le mètre superficiel de chêne ou de châtaigner est estimé, soixante-quinze centimes	0 75
584.	Le mètre superficiel de sapin est estimé, cinquante centimes	0 50
585.	Le mètre linéaire de chevrons en chêne ou châtaignier est estimé, sept centimes	0 07
586.	Le mètre linéaire de chevrons en sapin est estimé, cinq centimes	0 05
587.	*Feuillures* demandées et faites après la pose : Le mètre courant est estimé, trente centimes	0 30
588.	*Coupement ou entaille* demandé et fait après la pose, dix centimes	0 10
589.	*Mortaise* demandée et faite après la pose, vingt centimes	0 20
590.	*Trou de tarière* demandé et fait après la pose, cinq centimes	0 05
591.	*Cheville* demandée et faite après la pose, cinq centimes	0 05

CHAPITRE IV.

COUVERTURE ET ZINGUERIE.

ARTICLE PREMIER. — *Prix élémentaires.*

NUMÉROS des PRIX.	DÉSIGNATION DES OUVRAGES.	PRIX de L'UNITÉ.
	JOURNÉES.	
592.	*Couvreur-compagnon*, y compris déplacement, trois francs	3 00
593.	*Couvreur-aide*, y compris déplacement, deux francs	2 00
594.	*Zingueur-compagnon*, y compris déplacement, quatre francs	4 00
595.	*Zingueur-aide*, y compris déplacement, trois francs	3 00

NUMÉROS des PRIX.	DÉSIGNATION DES OUVRAGES.	PRIX de L'UNITÉ.
	ARTICLE 2. — *Prix des ouvrages.*	
	§ 1er. OUVRAGES EN MATÉRIAUX NEUFS.	
396.	*Voligeage jointif* en voliges de châtaignier de 0m 01 d'épaisseur et de 0m 10 à 0m 15 de largeur, clouées sur les chevrons : Le mètre superficiel est estimé, quatre-vingts centimes.	0f 80
397.	*Même voligeage jointif* en voliges de sapin ou de peuplier : Le mètre superficiel est estimé, soixante-dix centimes	0 70
398.	*Plus-value* pour voligeage, comme ci-dessus, mais les voliges provenant de pièces débitées à vives arêtes : Le prix du mètre superficiel sera augmenté de trente centimes	0 30
399.	*Plus-value* pour voligeage, comme ci-dessus, mais de 0m 015 d'épaisseur : Le prix du mètre superficiel sera augmenté de vingt centimes	0 20
400.	*Voligeage en frises de sapin*, de 0m 11 de largeur sur 0m 02 d'épaisseur à un parement, moulurées sur les rives, posées à point de Hongrie, compris clouage et toutes façons : Le mètre superficiel est estimé, deux francs cinquante centimes	2 50
401.	*Ardoises d'Angers*, grandes carrées, dites fines de premier choix, de 0m 22 sur 0m 30, sur 0m 003 d'épaisseur : Le mille est estimé, trente-deux francs.	32 00
402.	*Ardoises d'Angers*, dites demi-fortes, deuxième choix, de 0m 22 sur 0m 30 et 0m 0025 d'épaisseur : Le mille est estimé, trente francs	30 00
403.	*Ardoises d'Angers*, dites quart fortes, troisième choix, de 0m 22 sur 0m 30 et 0m 002 d'épaisseur : Le mille est estimé, vingt-huit francs	28 00
404.	*Ardoises d'Angers*, dites poil taché, de 0m 18 sur 0m 30 et 0m 03 d'épaisseur : Le mille est estimé, vingt francs.	20 00
405.	*Ardoises de Bretagne*, de 0m 18 sur 0m 30 et 0m 002 d'épaisseur : Le mille est estimé, vingt-huit francs	28 00
406.	*Zinc* n° 12, en feuilles, pour couverture, 1 mètre carré pesant 4k 65, à 0f 66 le kilog., trois francs sept centimes	3 07
407.	*Zinc* n° 13, en feuilles, pour couverture, 1 mètre carré pesant 5k 30, à 0f 66 le kilog., trois francs cinquante centimes	3 50
408.	*Zinc* n° 14, en feuilles, pour couverture, 1 mètre carré pesant 5k 95, à 0f 66 le kilog., trois francs quatre-vingt-treize centimes	3 93
409.	*Zinc* n° 15, en feuilles, pour chéneaux, 1 mètre carré pesant 6k 55, à 0f 66 le kilog., quatre francs trente-deux centimes	4 32
410.	*Zinc* n° 16, en feuilles, pour chéneaux, 1 mètre carré pesant 7k 50, à 0f 66 le kilog., quatre francs quatre-vingt-quinze centimes	4 95
411.	Le mètre courant de couvre joints en sapin de 0m 005 sur 0m 03 est estimé, trente centimes.	0 30

NUMÉROS des PRIX.	DÉSIGNATION DES OUVRAGES.	PRIX de L'UNITÉ.
412.	*Couverture*, en ardoises d'Angers, dites grandes carrées, de premier choix, posées avec pureau du tiers de la hauteur, sur volige neuve jointive de 0m 01 d'épaisseur, toutes fournitures comprises, voliges, clous, mortier ou plâtre, pentes, coupes, égouts doublis et tranchis, le zinc et le plomb seulement payés à part : Le mètre superficiel est estimé, trois francs trente centimes	3f 30
	DÉTAIL.	
	1m 00 carré de voligeage jointif en sapin ou peuplier à 0f 70 (n° 397) . . . 0f 70	
	42 ardoises à 32f 00 le mille (n° 401) . . . 1 35	
	Clous et mortier . . . 0 15	
	Main-d'œuvre, échafaudage et tous faux frais . . . 1 10	
	TOTAL . . . 3f 30	
413.	*Même couverture*, en ardoises d'Angers, dites demi-fortes, deuxième choix : Le mètre superficiel est estimé, trois francs vingt-un centimes	3 21
	DÉTAIL.	
	Voligeage, clous, main-d'œuvre, etc. (n° 412) . . . 1f 95	
	Fourniture de 42 ardoises à 30f 00 le mille (n° 402) . . . 1 26	
	TOTAL . . . 3f 21	
414.	*Même couverture*, en ardoises d'Angers, dites quart fortes, troisième choix : Le mètre superficiel est estimé, trois francs treize centimes	3 13
	DÉTAIL.	
	Voligeage, clous, main-d'œuvre, etc. (n° 412) . . . 1f 95	
	Fourniture de 42 ardoises à 28f 00 le mille (n° 403) . . . 1 18	
	TOTAL . . . 3f 13	
415.	*Même couverture*, en ardoises d'Angers, dites poil taché sur même voligeage : Le mètre superficiel est estimé, trois francs quinze centimes	3 15
	DÉTAIL.	
	Voligeage, clous, main-d'œuvre, etc. (n° 412) . . . 1f 95	
	Fourniture de 60 ardoises à 20f 00 le mille (n° 404) . . . 1 20	
	TOTAL . . . 3f 15	

NUMÉROS des PRIX.	DÉSIGNATION DES OUVRAGES.	PRIX de L'UNITÉ.
416.	*Couverture*, en ardoises de Bretagne, sur même voligeage : Le mètre superficiel est estimé, trois francs un centime	3f 01
	DÉTAIL. Voligeage, clous, main-d'œuvre, etc. (n° 412) . . . . 1f 95 Fourniture de 59 ardoises à 28f 00 le mille (n° 405). . . . . 1 06 TOTAL. 3f 01	
417.	*Façon* ou *main-d'œuvre*, de couverture en ardoises avec fourniture de clous, échafaudage, outillage, tout compris, mais sans fourniture d'ardoise ni volige : *Le mètre superficiel est estimé*, un franc quinze centimes.	1 15
418.	*Couverture*, en zinc n° 12, sur voligeage en sapin, à vive arête, en feuilles de 0m 50 à 0m 80 de largeur, posées suivant le système dit à libre dilatation, pour chéneaux et couverture entière ou pour parties de couverture, toutes fournitures comprises, telles que voligeage, tasseaux de couvre-joints, faîtage, bandes d'égout, emboutis, soudures, clous et façons quelconques; le métré étant fait sans usages suivant la forme du voligeage : *Le mètre superficiel est estimé*, six francs quarante-sept centimes.	6 47
	DÉTAIL. 1m 00 carré de voligeage en sapin à vive arête, aux prix des nos 397 et 398 . 1f 00 1m 29 carrés de zinc n° 12, en feuilles à 3f 07 (n° 406). . . . . 3 96 Tasseaux en sapin et clous . . . . 0 45 Façon et soudure, y compris montage des matériaux . . . . 1 06 TOTAL. 6f 47	
419.	*Même couverture*, en zinc n° 13 : *Le mètre superficiel est estimé*, sept francs trois centimes.	7 03
	DÉTAIL. Voligeage, tasseaux, façon, etc., comme au n° 418. . . . . 2f 51 Fourniture de 1m 29 carrés de zinc à 3f 50 (n° 407) . . . . 4 52 TOTAL. 7f 03	
420.	*Même couverture*, en zinc n° 14 : *Le mètre superficiel est estimé*, sept francs soixante centimes	7 60
	DÉTAIL. Voligeage, tasseaux, façon, etc., comme au n° 418 . . . . 2f 51 Fourniture de 1m 29 carrés de zinc à 3f 93 (n° 408). . . . . 5 07 TOTAL. 7f 58	

NUMÉROS des PRIX.	DÉSIGNATION DES OUVRAGES.		PRIX de L'UNITÉ.
421.	*Même couverture*, en zinc n° 15 : Le mètre superficiel est estimé, huit francs neuf centimes.		8f 09
	DÉTAIL.		
	Voligeage, tasseaux, façon, etc., semblable au n° 418.	2f 51	
	Fourniture de 1m 29 carrés de zinc à 4f 32 (n° 409).	5 58	
	TOTAL.	8f 09	
422.	*Même couverture*, en zinc n° 16 : Le mètre superficiel est estimé, huit francs quatre-vingt-dix centimes		8 90
	DÉTAIL.		
	Voligeage, tasseaux, façon, etc., comme le n° 418.	2f 51	
	Fourniture de 1m 29 carrés de zinc à 4f 95 (n° 410).	6 39	
	TOTAL.	8f 90	
423.	*Chéneaux* en zinc, jusqu'à 1m 60 de développement pour gouttières et acrotères, avec recouvrements sur les corniches, y compris soudures, façons et sujétions quelconques, ils seront payés au mètre superficiel suivant le numéro du zinc employé aux mêmes prix que la couverture, augmentés de 1f 00 par mètre superficiel pour plus-value de façon, un franc		1 00
424.	*Gouttières pendantes*, en zinc n° 14, de 0m 32 de développement toutes posées, y compris les crochets en fer, espacés de 0m 80 l'un de l'autre : Le mètre linéaire est estimé, deux francs soixante centimes.		2 60
	Tuyaux de descente, en zinc n° 14, tous posés, y compris les colliers en fer, espacés à 0m 80 l'un de l'autre, les coudes et les dauphins compris.		
425.	*Tuyaux* de 0m 08 de diamètre, deux francs trente centimes		2 30
426.	*Tuyaux* de 0m 11 de diamètre, deux francs soixante centimes.		2 60
427.	*Tuyaux* de 0m 14 de diamètre, trois francs trente centimes.		3 30
428.	*Tuyaux* de 0m 16 de diamètre, quatre francs.		4 00
429.	Quel que soit le prix courant du zinc, tous les prix ci-dessus seront invariables		Observation.
430.	*Noquets*, en zinc n° 14, pour arêtiers, noues, etc., de 0m 14 à 0m 18 de largeur sur 0m 15 à 0m 25 de hauteur, payés à la pièce, chaque noquet ajusté, posé et cloué est estimé, vingt-cinq centimes.		0 25
431.	*Pente*, en plâtre pour chéneaux, composée d'un enduit en plâtre de 0m 02 à 0m 03 d'épaisseur, appliqué sur le voligeage ou sur maçonnerie, y compris les cueillies et ressauts : Le mètre superficiel est estimé, un franc trente centimes		1 30
432.	*Pente*, en plâtre pour chéneaux, formée d'un massif en plâtras et plâtre, recouvert d'un enduit de 0m 02 d'épaisseur, ledit massif de 0m 03 à 0m 15 d'épaisseur, y compris les cueillies et ressauts : Le mètre superficiel est estimé, deux francs vingt centimes.		2 20

NUMÉROS des PRIX	DÉSIGNATION DES OUVRAGES.	PRIX de L'UNITÉ.
433.	*Crochets*, en fer, pour fixer sur la charpente, les faitages en zinc ou en plomb : Chaque crochet, compris clous et pose est estimé, vingt-cinq centimes.	0f 25
434.	*Grands crochets*, en fer, dit de service, pour les réparations, fixés sur les chevrons : Chaque crochet est estimé, compris clous et pose, deux francs dix centimes.	2 10
435.	*Faitage en tuile*, dit en faiteaux, compris solins et scellements en mortier de chaux hydraulique et ciment : Le mètre linéaire est estimé, deux francs.	2 00
436.	*Fond de chêneau*, en chêne de 0m 034 d'épaisseur, à un parement, posé de pente sous le zinc ou le plomb : rainé, collé, avec clés rapportées : Le mètre superficiel est estimé, six francs cinquante centimes	6 50
437.	*Fond de chêneau*, en chêne de 0m 027 d'épaisseur, en tout semblable au précédent : Le mètre superficiel est estimé, cinq francs dix centimes	5 10
438.	*Tasseaux*, en chêne de 0m 054 sur 0m 08, à un parement, posés de pente pour soutenir le fond du chêneau : Le mètre linéaire est estimé, quatre-vingt cinq centimes	0 85
439.	*Mêmes tasseaux*, en sapin : Le mètre linéaire est estimé, cinquante centimes	0 50
440.	*Revêtements de face de chêneau*, en chêne de 0m 027 d'épaisseur, à un ou deux parements, dressé, rainé, assemblé à tenons et à queues : Le mètre superficiel est estimé, sept francs cinquante centimes	7 50
441.	*Epis et girouettes*, en zinc, y compris soudure et pose : Le kilogramme est estimé, trois francs.	3 00
442.	*Châssis à tabatière*, en zinc de 0m 30 de largeur sur 0m 40 de hauteur : Chaque châssis tout posé est estimé, quinze francs	15 00
	§ 2. OUVRAGES EN MATÉRIAUX VIEUX.	
	ARDOISES.	
443.	*Découverture* en ardoise faite avec soin, l'ardoise devant être conservée, dévoligeage, descente et transport à 100m 00, y compris rangement de tous les matériaux : Le mètre superficiel est estimé, dix centimes.	0 10
444.	*Prime*, pour ardoises conservées dans la démolition, transport et rangement à 100m 00 : Le mille d'ardoises propres à être réemployées est estimé, cinq francs.	5 00
445.	*Repose* de vieille volige ordinaire : Le mètre carré compris clous est estimé, quinze centimes.	0 15
446.	*Couverture*, en ardoise vieille, sur voligeage neuf, y compris la fourniture des clous : Le mètre superficiel est estimé, un franc soixante-dix centimes.	1 70

NUMÉROS des PRIX.	DÉSIGNATION DES OUVRAGES.	PRIX de L'UNITÉ.
447.	*Couverture* en ardoise vieille, sur voligeage vieux, reposé, y compris la fourniture des clous : Le mètre superficiel est estimé, un franc	1f 00
448.	*Filets et solins*, y compris plâtre ou mortier de chaux hydraulique et ciment de tuileau, apparent ou caché, pour scellements et tranchis : Le mètre superficiel est estimé, trente centimes	0 30
449.	*Arêtiers* en tuiles et faîteaux, scellés en mortier de ciment de tuileau et chaux hydraulique : Le mètre courant est estimé, deux francs	2 00
450.	*Battellement* d'ardoises : Le mètre courant est estimé, cinquante centimes	0 50
	ZINGUERIE.	
451.	*Découverture* de zinc, faite avec soin, le zinc devant être réemployé, y compris le dévoligeage fait avec le même soin, afin de réemployer la volige, descente de tous les matériaux, transport à 100m 00 de distance et rangement desdits : Le mètre superficiel est estimé, dix-huit centimes	0 18
452.	*Couverture* en zinc vieux, employé pour couverture entière, système de joints à dilatation libre, ou pour parties de couverture, telles que faîtage, bandes d'égout, compris fourniture des tasseaux manquants et des clous, soudures et façons quelconques, pour couvre-joints et bandes, ladite couverture mesurée sans usage à la surface du voligeage : Le mètre superficiel est estimé, quatre-vingt-dix centimes.	0 90

DÉTAIL.

Complément de fournitures et attache des tasseaux, clous, soudures . . .	0f 25
Façon, y compris le montage des matériaux, etc	0 55
Plus-value pour soudures, raccords, bandes, réparations et clous	0 10
TOTAL.	0f 90

NUMÉROS des PRIX.	DÉSIGNATION DES OUVRAGES.	PRIX de L'UNITÉ.
453.	*Repose* de vieille volige, compris clous et façon : Le mètre superficiel est estimé, vingt-cinq centimes.	0 25
454.	*Zinc vieux*, de tous développements, pour chéneaux, gouttières, tuyaux de descente, avec raccordement sur les corniches, y compris soudures, façons et sujétions quelconques : Le mètre superficiel est estimé, deux francs dix centimes	2 10
455.	*Repose* de gouttière et de tuyaux de descente de diamètres quelconques, y compris les scellements de crochets et de colliers espacés de 0m 80 l'un de l'autre : Le mètre linéaire est estimé, cinquante centimes.	0 50
456.	*Dépose* de gouttière et de tuyaux de descente, de différents diamètres, y compris les descellements de crochets et de colliers, le transport à 100m 00 de distance et le rangement : Le mètre linéaire est estimé, vingt-cinq centimes.	0 25
457.	*Dépose* et *repose* de fond de chéneau, en chêne ou en sapin, au mètre superficiel (voir nos 837 et 838).	

NUMÉROS des PRIX.	DÉSIGNATION DES OUVRAGES.	PRIX de L'UNITÉ.
458.	*Repose* de vieux tuyaux de descente ou gouttière, compris retaille, soudure et ajustage : Le mètre courant est estimé, savoir :	
	Tuyaux de 0m 08 de diamètre, quarante centimes.	0f 40
	Tuyaux de 0m 11 de diamètre, cinquante centimes	0 50
	Tuyaux de 0m 14 de diamètre, soixante centimes	0 60
	Tuyaux de 0m 16 de diamètre, soixante-dix centimes	0 70

CHAPITRE V.

PLOMBERIE ET FONTAINERIE.

ARTICLE PREMIER. — *Prix élémentaires.*

JOURNÉES.

459.	*Plombier*, compagnon, quatre francs	4 00
460.	*Plombier*, apprenti, aide ou souffleur, deux francs	2 00

ARTICLE 2. — *Prix des ouvrages.*

§ 1er. OUVRAGES EN MATÉRIAUX NEUFS.

461.	*Plomb* pour faîtages, arêtiers, noues, noquets, chéneaux, attaché et soudé, y compris clous et soudure : Le kilogramme de plomb est estimé, quatre-vingt-sept centimes.	0 87

DÉTAIL.

1k 00 de plomb à 0f 77, y compris bénéfice	0f 77
Soudures et clous	0 05
Façon et toutes sujétions quelconques, y compris le montage des matériaux .	0 05
TOTAL.	0f 87

462.	*Plomb* pour tuyaux, y compris la pose; les nœuds de soudure, etc. : Le kilogramme est estimé, quatre-vingt-dix centimes.	0 90

NUMÉROS des PRIX.	DÉSIGNATION DES OUVRAGES.	PRIX de L'UNITÉ.
463.	*Robinets* en cuivre, au-dessus de 3 kilogrammes : Le kilogramme est estimé, cinq francs.	5f 00
464.	*Robinets* en cuivre, au-dessous de 3 kilogrammes : Le kilogramme est estimé, quatre francs.	4 00
465.	*Robinets* en bronze, au-dessus de 3 kilogrammes : Le kilogramme est estimé, cinq francs cinquante centimes	5 50
466.	*Robinets* en bronze, au-dessous de 3 kilogrammes : Le kilogramme est estimé, cinq francs.	5 00
	Nœud de soudure pour robinets ou tuyaux : Chaque nœud de soudure est estimé, savoir :	
467.	*Tuyaux ou robinets*, de 0^{m} 01 de diamètre intérieur, quatre-vingt-dix centimes.	0 90
468.	*Tuyaux ou robinets*, de 0^{m} 015 de diamètre intérieur, un franc.	1 00
469.	*Tuyaux ou robinets*, de 0^{m} 020 de diamètre intérieur, un franc vingt-cinq centimes.	1 25
470.	*Tuyaux ou robinets*, de 0^{m} 025 de diamètre intérieur, un franc cinquante-cinq centimes.	1 55
471.	*Tuyaux ou robinets*, de 0^{m} 030 de diamètre intérieur, un franc quatre-vingt-dix centimes.	1 90
472.	*Tuyaux ou robinets*, de 0^{m} 035 de diamètre intérieur, deux francs trente centimes.	2 30
473.	*Tuyaux ou robinets*, de 0^{m} 040 de diamètre intérieur, deux francs quatre-vingt-cinq centimes. . .	2 85
474.	*Tuyaux ou robinets*, de 0^{m} 045 de diamètre intérieur, trois francs trente-cinq centimes	3 35
475.	*Tuyaux ou robinets*, de 0^{m} 050 de diamètre intérieur, quatre francs	4 00
476.	*Tuyaux ou robinets*, de 0^{m} 055 de diamètre intérieur, quatre francs soixante-cinq centimes. . . .	4 65
477.	*Tuyaux ou robinets*, de 0^{m} 060 de diamètre intérieur, cinq francs quarante-cinq centimes.	5 45
478.	*Tuyaux ou robinets*, de 0^{m} 065 de diamètre intérieur, six francs vingt centimes.	6 20
479.	*Tuyaux ou robinets*, de 0^{m} 07 de diamètre intérieur, sept francs dix centimes	7 10
480.	*Tuyaux ou robinets*, de 0^{m} 075 de diamètre intérieur, huit francs cinq centimes.	8 05
481.	*Tuyaux ou robinets*, de 0^{m} 080 de diamètre intérieur, neuf francs cinq centimes.	9 05
482.	*Tuyaux ou robinets*, de 0^{m} 090 de diamètre intérieur, dix francs dix centimes.	10 10
483.	*Tuyaux ou robinets*, de 0^{m} 100 de diamètre intérieur, onze francs quarante centimes.	11 40
484.	*Tuyaux ou robinets*, de 0^{m} 110 de diamètre intérieur, douze francs soixante-dix centimes.	12 70

NUMÉROS des PRIX.	DÉSIGNATION DES OUVRAGES.	PRIX de L'UNITÉ.
485.	*Grille en cuivre*, pour évier, de 0m 07 de diamètre, posée : La pièce, deux francs cinquante centimes.	2f 50
486.	*Grille en plomb*, pour évier, même dimension : La pièce, deux francs.	2 00
487	*Crapaudine* en plomb, de 0m 07 jusqu'à 0m 16 de diamètre intérieur pour gouttières ou chéneaux : Chaque crapaudine, compris pose, soudure et charbon est estimée, trois francs cinquante centimes.	3 50
488.	*Crapaudine* à charnière, en fer galvanisé de 0m 07 à 0m 16 de diamètre intérieur : Chaque crapaudine, compris pose, soudure et charbon est estimée, cinq francs.	5 00
489.	*Appareil* à effet d'eau, grand modèle, pour lieux à l'anglaise, composé d'une cuvette en faïence avec bonde à bascule et bout de tuyau en plomb pour raccord ; réservoir en chêne doublé en zinc n° 14, avec supports, tuyaux en caoutchouc, mouvement et cordon de tirage ; le tout mis en place et scellé : Chaque appareil est estimé, soixante-quinze francs.	75 00
490.	*Même appareil*, petit modèle, mais sans réservoir, mis en place et scellé : Chaque appareil est estimé, cinquante francs.	50 00
491.	*Cuvette simple* en faïence, mise en place et scellée en ciment romain : Chaque cuvette est estimée, quinze francs.	15 00
	§ 2. OUVRAGES EN RÉPARATIONS OU EN VIEUX MATÉRIAUX.	
492.	*Charbon de bois* : Le kilogramme, non compris emploi, est estimé, quinze centimes	0 15
493.	*Charbon de bois* : Le kilogramme employé pour soudure est estimé, trente centimes.	0 30
494.	*Soudure*, non compris emploi : Le kilogramme est estimé, un franc cinquante centimes.	1 50
495.	*Soudure* employée, y compris fourniture de charbon et main-d'œuvre : Le kilogramme est estimé, deux francs.	2 00
496.	*Emploi de vieille soudure*, appartenant à l'administration : Le kilogramme est estimé, pour main-d'œuvre et fourniture de charbon, soixante centimes.	0 60
497.	*Vieux plomb* pour scellements, le plomb appartenant à l'administration : Le kilogramme est estimé pour main-d'œuvre et fourniture de charbon, vingt-cinq centimes.	0 25
498.	*Dépose de vieux plomb*, de chéneaux, faîtages, arêtiers, noquets, tuyaux, compris dessoudage, charbon, descente, transport à 100m 00 et rangement : Le kilogramme est estimé, deux centimes.	0 02
499.	*Vieux plomb* réemployé pour faîtages, arêtiers, chéneaux, noquets, gouttières, tuyaux, refaçonné, posé et soudé, y compris la soudure et le charbon : Le kilogramme est estimé, quatre centimes.	0 04

NUMÉROS des PRIX.	DÉSIGNATION DES OUVRAGES.	PRIX de L'UNITÉ.
	Dessoudage d'un robinet ou joint de tuyaux en fonte, des dimensions suivantes, compris fourniture de charbon et déplacement, vingt-cinq centimes	0f 25
500.	De 0m 015 de diamètre intérieur, vingt-cinq centimes	0 25
501.	De 0m 020 de diamètre intérieur, trente centimes	0 30
502.	De 0m 025 de diamètre intérieur, trente-cinq centimes.	0 35
503.	De 0m 030 de diamètre intérieur, quarante centimes.	0 40
504.	De 0m 035 de diamètre intérieur, quarante-cinq centimes	0 45
505.	De 0m 040 de diamètre intérieur, cinquante centimes	0 50
506.	De 0m 045 de diamètre intérieur, cinquante-cinq centimes.	0 55
507.	De 0m 050 de diamètre intérieur, soixante centimes	0 60
508.	De 0m 055 de diamètre intérieur, soixante-cinq centimes.	0 65
509.	De 0m 060 de diamètre intérieur, soixante-dix centimes	0 70
510.	De 0m 065 de diamètre intérieur, soixante-quinze centimes	0 75
511.	De 0m 070 de diamètre intérieur, quatre-vingts centimes.	0 80
512.	De 0m 075 de diamètre intérieur, quatre-vingt-cinq centimes	0 85
513.	De 0m 080 de diamètre intérieur, quatre-vingt-dix centimes.	0 90
514.	De 0m 090 de diamètre intérieur, quatre-vingt-quinze centimes	0 95
515.	De 0m 100 de diamètre intérieur, un franc.	1 00
516.	De 0m 110 de diamètre intérieur, un franc dix centimes	1 10
517.	De 0m 150 à 0m 180 de diamètre intérieur, un franc cinquante centimes.	1 50
518.	*Mastic de fontainier*, ou de Dhil : Le kilogramme en œuvre est estimé, quatre-vingts centimes	0 80
519.	*Même mastic*, non employé : Le kilogramme est estimé, soixante centimes.	0 60
	POSE DE TUYAUX EN FONTE.	
520.	*Fouilles en tranchée*, pour pose de tuyaux d'alimentation de 0m 60 à 0m 70 de largeur sur 0m 70 à 0m 90 de profondeur, y compris remblais à la suite : Le mètre courant est estimé, quarante centimes.	0 40

NUMÉROS des PRIX.	DÉSIGNATION DES OUVRAGES.	PRIX de L'UNITÉ.
521.	*Même tranchée*, de 1m 00 à 1m 50 de profondeur : Le mètre courant est estimé, soixante centimes.	0f 60
522.	*Coltinage* de tuyaux de 0m 16 à 0m 20 de diamètre, des lieux de dépôt, à la tranchée, pose et ajustage : Le mètre courant est estimé, quarante centimes.	0 40
523.	*Même coltinage* pour tuyaux en fonte de 0m 06 à 0m 10 de diamètre intérieur : Le mètre courant est estimé, vingt centimes.	0 20

NUMÉROS des PRIX.	DÉSIGNATION DES OUVRAGES.	TUYAUX SYSTÈMES DORÉ ET CHEVÉ.	TUYAUX SYSTÈMES EMBOÎTEMENT ET CORDON.
524.	*Soudure de joints*, à la pièce, en corde et plomb, chaque joint de tuyaux, tubulure, ou coude de 0m 16 à 0m 20 de diamètre intérieur	3f 00	7f 00
525.	*Soudure de joints*, chaque joint de tuyaux de 0m 09 à 0m 11 de diamètre	2 08	5 50
526.	*Soudure de joints*, chaque joint de tuyaux de 0m 06 à 0m 085.	1 50	3 00

CHAPITRE VI.

MARBRERIE.

Article premier. — *Prix élémentaires.*

JOURNÉES.

NUMÉROS des PRIX.	DÉSIGNATION DES OUVRAGES.	PRIX de L'UNITÉ.
527.	*Marbrier-compagnon*, trois francs cinquante centimes	3 50
528.	*Marbrier-aide* ou *apprenti*, deux francs cinquante centimes	2 50

Article 2. — *Prix des ouvrages.*

§ 1er. OUVRAGES EN MATÉRIAUX NEUFS.

NUMÉROS des PRIX.	DÉSIGNATION DES OUVRAGES.	PRIX de L'UNITÉ.
	Tablettes ou *socles* de poêles, en marbres Sainte-Anne, de la Sarthe ou de la Mayenne : Le mètre carré est estimé, savoir :	
529.	De 0m 027 d'épaisseur, vingt-cinq francs	25 00
530.	De 0m 034 d'épaisseur, vingt-huit francs	28 00
531.	De 0m 041 d'épaisseur, trente-un francs.	31 00

NUMÉROS des PRIX.	DÉSIGNATION DES OUVRAGES.	PRIX de L'UNITÉ.
	Pose de chambranles de cheminées : Chaque pose de chambranle est estimée, savoir :	
532.	*Chambranle* simple ou à la capucine, scellé en plâtre, sans foyer ni retour, et sans fourniture de briques, ni de mortier, trois francs	3f 00
533.	*Chambranle* simple avec foyer, quatre francs	4 00
534.	*Chambranle* à cadre avec retour et foyer, cinq francs	5 00
535.	*Chambranle* à consoles avec retour et foyer, huit francs	8 00
	MARBRES SAINTE-ANNE, DE LA MAYENNE OU DE LA SARTHE, DE 1m 10 A 1m 20 DE LONGUEUR.	
	Chambranles de cheminées, y compris fourniture et pose : Chaque chambranle est estimé, savoir :	
536.	*Chambranle* uni, sans foyer, quinze francs	15 00
537.	*Chambranle* à la capucine, sans foyer, vingt francs	20 00
538.	*Chambranle* à la capucine, avec foyer, trente francs	30 00
539.	*Chambranle* à cadre profilé, avec retour et foyer, trente-cinq francs	35 00
540.	*Chambranle* à console profilée, avec retour et foyer, quarante francs	40 00
541.	*Chambranle* à console profilée, avec les angles et les retours arrondis, cinquante francs	50 00
542.	*Chambranle* en marbre blanc, soixante francs	60 00
543.	*Chambranle* de grand salon, au-dessus de 1m 30 de longueur, avec foyer, console et retour de foyer, cent francs	100 00
544.	*Doublure de chambranle* en ardoise ou en pierre franche, scellée en plâtre : Lorsque les chambranles seront doublés en ardoise ou en pierre franche, le prix sera augmenté de cinq francs	5 00
545.	Tous travaux de sciage, polissage ou réparation seront estimés à l'heure	Observation.
546.	La sculpture sera payée sur facture authentique, avec un dixième de bénéfice pour avance de fonds	Observation.
547.	Toutes les autres commandes de marbrerie seront également payées sur facture, avec un dixième de bénéfice pour avance de fonds	Observation.
	§ 2. OUVRAGES EN VIEUX MATÉRIAUX.	
548.	*Dépose de chambranle :* La dépose d'un chambranle de cheminée au-dessous de 1m 30, en marbre, avec la garniture de faïence et le foyer, y compris transport des matériaux dans un rayon de 100m 00 est estimée, trois francs	3 00
549.	*Dépose de même chambranle*, mais de plus de 1m 30 de longueur, quatre francs	4 00

NUMÉROS des PRIX.	DÉSIGNATION DES OUVRAGES.	PRIX de L'UNITÉ.
	CHAPITRE VII.	
	FUMISTERIE.	
	ARTICLE PREMIER. — *Prix élémentaires.*	
	JOURNÉES.	
550.	*Fumiste-compagnon*, compris déplacement, trois francs cinquante centimes.	3f 50
551	*Fumiste-aide*, compris déplacement, deux francs	2 00
	ARTICLE 2. — *Prix des ouvrages.*	
	§ 1er. OUVRAGES EN MATÉRIAUX NEUFS.	
552.	*Arrangement* de l'intérieur d'une cheminée ordinaire, à la Rumfort, en carreaux à fours et tablier en plâtre, toutes fournitures comprises, dix francs	10 00
553.	*Arrangement* de l'intérieur d'une cheminée ordinaire, à la Rumfort, en faïence, toutes fournitures comptées à part aux prix de la maçonnerie, douze francs.	12 00
554.	*Maçonnerie* de briques du pays, réfractaires, avec mortier de terre franche ou glaise, pour intérieurs de fourneaux et calorifères : Le mètre cube, vides déduits, est estimé, quarante francs	40 00
555.	*Maçonnerie* de briques du pays, réfractaires, avec mortier de chaux hydraulique et sable, pour intérieurs de fourneaux et calorifères : Le mètre cube, vides déduits, est estimé, cinquante francs.	50 00
556.	NOTA. Toutes les autres constructions en briques, comme à la maçonnerie ordinaire	Observation.
557.	*Carreaux de faïence*, ingerçables, premier choix, de 0m 22 sur 0m 75 à 0m 90 : La pièce est estimée, trois francs soixante centimes.	3 60
558.	*Carreaux de faïence*, ingerçables, premier choix, de 0m 24 sur 0m 75 à 0m 90 : La pièce est estimée, quatre francs	4 00
559.	*Carreaux de faïence*, ingerçables, premier choix, de 0m 27 sur 0m 80 à 0m 95 : La pièce est estimée, quatre francs cinquante centimes.	4 50
560.	*Carreaux de faïence*, ingerçables, premier choix, de 0m 30 sur 0m 85 à 1m 00 : La pièce est estimée, cinq francs	5 00
561.	*Cercles* de toutes grandeurs en tôle : Le kilogramme est estimé, un franc cinquante centimes	1 50

NUMÉROS des PRIX.	DÉSIGNATION DES OUVRAGES.	PRIX de L'UNITÉ.
562.	*Cuivre* pour cercles de toutes grandeurs, tuyaux, portes et cendriers : Le kilogramme, compris pose, est estimé, cinq francs	5f 00
563.	*Soubassement* de 0m 06 à 0m 08 d'épaisseur, composé d'une couche de plâtre et d'un pavage en pavés carrés de 0m 02 à 0m 03 d'épaisseur : Le mètre carré, non compris la bordure en fer, est estimé, sept francs	7 00
	DÉTAIL.	
	Une couche de plâtre avec façon. 2f 00	
	Pavage avec façon 5 00	
	TOTAL. 7f 00	
564.	*Châssis à rideau* en tôle forte, avec moulures en cuivre poli de 0m 05 et un seul contre-poids ; dimensions intérieures de 0m 40 à 0m 50 : Chaque châssis est estimé, dix francs.	10 00
565.	*Châssis à rideau* en tôle forte, avec moulures en cuivre poli de 0m 05 et un seul contre-poids ; dimensions intérieures de 0m 60 à 0m 65 : Chaque châssis est estimé, onze francs cinquante centimes	11 50
566.	*Plus ou moins value*, pour chaque 0m 005 de largeur de moulures en plus ou en moins de 0m 05, vingt centimes	0 20
567.	*Plus-value* pour un deuxième contre-poids, un franc	1 00
568.	NOTA. La fonte pour plaques de cheminées, grilles, ou ornements, est comptée à l'article ferronnerie, n° 894 et suivants.	
569.	*Cheminée à la prussienne* unie, en tôle, à tablier, de 0m 60 de hauteur sur 0m 40 de largeur, avec tablette en marbre, estimée, y compris pose, trente-cinq francs	35 00
570.	*Cheminée à la prussienne*, avec tablette et chambranle en marbre, de 0m 65 de hauteur sur 0m 40 de largeur, soixante-cinq francs	65 00
571.	*Cheminée du Nord*, en fonte ornée, sans tablier, de 0m 40 de largeur sur 0m 70 de hauteur, pour petite salle d'attente, estimée, compris pose, vingt-cinq francs	25 00
572.	*Même cheminée*, pour chambre ou salle d'attente, de 0m 60 de largeur sur 0m 75 de hauteur, estimée, compris pose, quarante francs.	40 00
573.	*Poêle en faïence*, pour salle à manger, avec tablette en marbre, de 0m 35 de diamètre, estimé, compris pose, trente francs	30 00
574.	*Même poêle en faïence*, pour bureau, de 0m 40 de largeur sur 0m 55 de longueur ou de 0m 40 de diamètre, sur 0m 70 de hauteur, avec tablette en marbre, quarante-cinq francs.	45 00
575.	*Poêle en fonte*, pour guérites, de 0m 25 à 0m 30 de diamètre, estimé, y compris pose, quinze francs.	15 00
576.	*Poêle en fonte*, pour petits bureaux, de 0m 30 à 0m 35 de diamètre, estimé, y compris pose, trente francs	30 00

NUMÉROS des PRIX.	DÉSIGNATION DES OUVRAGES.	PRIX de L'UNITÉ.
577.	*Poêle en fonte*, pour concierge, bureau ou corps-de-garde, de 0m 36 à 0m 40 de diamètre sur 0m 80 de hauteur, cinquante-cinq francs	55f 00
578.	*Poêle Laury* en fonte ornée, pour bureaux de chef de gare ou buffet, de 0m 40 à 0m 45 de diamètre sur 0m 80 de hauteur, quatre-vingts francs	80 00
579	*Petit fourneau économique* en fonte et tôle, pour cuisine de chef de gare de 4e classe ou aiguilleur, de 0m 50 à 0m 55 de longueur, sur 0m 45 à 0m 50 de largeur et 0m 65 de hauteur, compris pose, soixante francs	60 00
580.	*Moyen fourneau économique* en fonte et tôle, pour cuisine de chef de gare de 2e et 3e classe, de 0m 75 à 0m 80 de longueur, sur 0m 45 à 0m 55 de largeur et 0m 70 de hauteur, avec étuves, estimé, compris pose, cent francs.	100 00
581.	*Fourneau économique* en fonte et tôle, pour cuisine de chef de gare principal, de 0m 90 à 1m 20 de longueur sur 0m 55 à 0m 65 de largeur et 0m 70 de hauteur, avec tous ses accessoires, deux cents francs.	200 00
582.	*Tuyaux* de poêle ou de cheminée, ou coudes, etc., en tôle : Le kilogramme pour fournitures et pour travaux neufs, non compris pose, est estimé : un franc dix centimes.	1 10
583.	*Mêmes tuyaux* pour fournitures par petites parties et pour travaux d'entretien, un franc vingt centimes	1 20

TUYAUX DE POÊLE EN TOLE, AU MÈTRE COURANT.

NUMÉROS des PRIX.	DÉSIGNATION DES OUVRAGES.	PRIX DU MÈTRE COURANT DE TUYAUX EN TÔLE	
		POUR POSE SEULEMENT.	POUR FOURNITURE SANS POSE.
584.	*Tuyaux en tôle* de 0m 09 de diamètre, pesant 2k 00 le mètre courant, pour guérites : Le mètre courant est estimé.	0f 25	2f 40
585.	*Tuyaux en tôle* de 0m 10 à 0m 11 de diamètre, pesant 2k 50 le mètre courant, pour poêles : Le mètre courant est estimé.	0 27	3 00
586.	*Tuyaux en tôle* de 0m 13 à 0m 14 de diamètre, pesant 3k 00 le mètre courant, pour poêles et fourneaux : Le mètre courant est estimé.	0 30	3 60
587.	*Tuyaux en tôle* de 0m 16 à 0m 17 de diamètre, pesant 3k 75 le mètre courant, pour poêles et fourneaux : Le mètre courant est estimé.	0 40	4 50
588.	*Tuyaux en tôle* de 0m 19 à 0m 20 de diamètre, pesant 4k 45 le mètre courant, pour cheminées à la prussienne ou cheminées du nord : Le mètre courant est estimé.	0 45	5 35

NUMÉROS des PRIX.	DÉSIGNATION DES OUVRAGES.	PRIX de L'UNITÉ.
589.	*Tuyaux* en terre cuite, pour poêle de salle à manger, chaque bout uni à bandeaux, de 0m 33 de longueur sur 0m 17 de diamètre, en faïence, est estimé, compris pose et couronnement, quatre francs cinquante centimes	4f 50
590.	*Tuyaux* en biscuit, pour poêle de salle à manger, chaque bout, uni, à bandeaux, de 0m 33 de longueur sur 0m 17 de diamètre, est estimé, compris pose et couronnement, trois francs cinquante centimes	3 50
591.	*Tuyaux* pour poêle de salle à manger en faïence, à bandeaux et cannelés de 0m 19 à 0m 20 de diamètre, chaque bout est estimé, avec couronnement, cinq francs cinquante centimes.	5 50
592.	*Mêmes tuyaux* en biscuit, avec couronnement : Chaque bout est estimé, quatre francs cinquante centimes	4 50
593.	*Mitre* en grès ou en terre, posée et scellée : Chaque mitre est estimée, deux francs vingt-cinq centimes	2 25

§ 2. OUVRAGES EN MATÉRIAUX VIEUX.

594.	*Ramonage* de cheminée à la corde et au balai : Chaque ramonage est estimé, soixante centimes	0 60
595.	*Démontage, nettoyage, ramonage et remontage* de tuyaux de poêle : Le mètre courant de tuyaux est estimé, dix centimes.	0 10
596.	*Démontage, nettoyage, et emmagasinement ou remontage* d'un poêle ou d'une cheminée à la prussienne : Chaque démontage, etc., est estimé, un franc	1 00

CHAPITRE VIII.

MENUISERIE.

Article premier. — *Prix élémentaires.*

JOURNÉES.

597.	*Menuisier-compagnon*, deux francs soixante-dix centimes	2 70
598.	*Menuisier*, chef de chantier, trois francs cinquante centimes	3 50

NUMÉROS des PRIX.	DÉSIGNATION DES OUVRAGES.	PRIX de L'UNITÉ.
	Article 2. — *Prix des ouvrages.*	
	§ 1er. OUVRAGES EN BOIS NEUFS, AU MÈTRE SUPERFICIEL.	
599.	*Ouvrages en bois de bateau ou de chataignier*, pour remplissage : Le mètre superficiel est estimé, soixante-dix centimes.	0f 70

NUMÉROS des PRIX.	DÉSIGNATION DES OUVRAGES.	BOIS DE SAPIN OU CHATAIGNIER.	BOIS DE TOUT CHÊNE.
	Cloisons intérieures, tablettes, portes pleines, lambris pleins, contrevents et ouvrages analogues : Le mètre superficiel est estimé, savoir :		
600.	*Épaisseur* de 0m 015, planche brute posée sans assemblange, dressée sur rives et coupée de longueur.	1f 80	2f 50
601.	*Id.* *id.* un parement, dressée sur rives, sans assemblage	2 10	2 70
602.	*Id.* *id.* deux parements, dressée sur rives, sans assemblage	2 40	3 10
603.	*Id.* *id.* un parement, dressée sur rives, rainée et collée	3 30	4 10
604.	*Id.* *id.* deux parements, dressée sur rives, rainée et collée	3 60	4 50
605.	*Id.* *id.* deux parements, dressée sur rives, rainée, collée et assemblée à tenons ou à queues, et emboitée en chêne à chaque bout.	4 90	6 00
606.	*Épaisseur* de 0m 020, planche brute posée sans assemblage, dressée sur les rives et coupée de longueur.	2 50	3 50
607.	*Id.* *id.* un parement, dressée sur rives, sans assemblage	2 80	3 90
608.	*Id.* *id.* deux parements, dressée sur rives, sans assemblage.	3 10	4 30
609.	*Id.* *id.* un parement, dressée sur rives, rainée et collée	4 10	5 60
610.	*Id.* *id.* deux parements, dressée sur rives, rainée et collée	4 40	5 90
611.	*Id.* *id.* deux parements, dressée sur rives, rainée, collée, assemblée à tenons ou à queues et emboitée en chêne à chaque bout. .	5 90	7 50
612.	*Épaisseur* de 0m 027, planche brute posée sans assemblage, dressée sur les rives et coupée de longueur.	3 20	4 50
613.	*Id.* *id.* un parement, dressée sur rives, sans assemblage.	3 50	4 90
614.	*Id.* *id.* deux parements, dressée sur rives, sans assemblage	3 80	5 30
615.	*Id.* *id.* un parement, dressée sur rives, rainée et collée.	4 80	6 60
616.	*Id.* *id.* deux parements, dressée sur rives, rainée et collée.	5 10	7 00

NUMÉROS des PRIX.	DÉSIGNATION DES OUVRAGES.	BOIS DE SAPIN OU CHATAIGNIER.	BOIS DE TOUT CHÊNE.
617.	*Epaisseur* de 0m 027, deux parements, dressée sur rives, rainée et collée, assemblée à tenons ou à queues et emboîtée en chêne à chaque bout. .	6f 70	8f 75
618.	*Epaisseur* de 0m 034, planche brute posée sans assemblage, dressée sur les rives et coupée de longueur.	3 90	5 50
619.	*Id.* *id.* un parement, dressée, sans assemblage.	4 30	5 90
620.	*Id.* *id.* deux parements, dressée sur rives, sans assemblage.	4 60	6 30
621.	*Id* *id.* un parement, dressée sur rives, rainée et collée.	5 70	7 80
622.	*Id.* *id.* deux parements, dressée sur rives, rainée et collée.	6 00	8 20
623.	*Id.* *id.* deux parements, dressée sur rives, rainée et collée, assemblée à tenons ou à queues, et emboîtée en chêne à chaque bout. .	7 60	10 00
624.	*Epaisseur* de 0m 041, planche brute posée sans assemblage, dressée sur les rives et coupée de longueur.	4 60	6 50
625.	*Id.* *id.* un parement, dressée sur rives, sans assemblage.	4 90	6 90
626.	*Id.* *id.* deux parements, dressée sur rives, sans assemblage.	5 20	7 30
627.	*Id.* *id.* un parement, dressée sur rives, rainée et collée.	6 50	9 10
628.	*Id.* *id.* deux parements, dressée sur rives, rainée et collée.	6 80	9 50
629.	*Id.* *id.* deux parements, dressée sur rives, rainée et collée, assemblée à tenons ou à queues, et emboîtée en chêne à chaque bout. .	8 40	11 50
630.	*Epaisseur* de 0m 047, planche brute posée sans assemblage, dressée sur les rives et coupée de longueur.	5 20	7 40
631.	*Id.* *id.* un parement, dressée sur rives, sans assemblage.	5 50	7 80
632.	*Id.* *id.* deux parements, dressée sur rives, sans assemblage.	5 80	8 20
633.	*Id.* *id.* un parement, dressée sur rives, rainée et collée.	7 10	10 00
634.	*Id.* *id.* deux parements, dressée sur rives, rainée et collée.	7 40	10 50
635.	*Id.* *id.* deux parements, dressée sur rives, rainée et collée, assemblée à tenons ou à queues, et emboîtée en chêne à chaque bout. .	9 00	13 50
636.	*Epaisseur* de 0m 054, planche brute posée sans assemblage, dressée sur les rives et coupée de longueur.	5 90	8 50
637.	*Id.* *id.* un parement, dressée sur rives, sans assemblage.	6 20	8 70
638.	*Id.* *id.* deux parements, dressée sur rives, sans assemblage.	5 50	9 10
639.	*Id.* *id.* un parement, dressée sur rives, rainée et collée.	8 80	11 20

NUMÉROS des PRIX.	DÉSIGNATION DES OUVRAGES.	BOIS DE SAPIN OU CHATAIGNIER.	BOIS DE TOUT CHÊNE.
640.	*Épaisseur* de 0^m 054 deux parements, dressée sur rives, rainée et collée.	9^f 10	11^f 60
641.	*Id.* *id.* deux parements, dressée sur rives, rainée et collée, assemblée à tenons ou à queues, et emboîtée en chêne à chaque bout.	10 80	13 00
642	*Plus-value*. Lorsque cette menuiserie sera faite en frises régulières d'environ onze centimètres de largeur, avec moulures sur les joints : Le prix du mètre superficiel sera augmenté de.	0 60	1 00
643.	*Plus-value*. Lorsque cette menuiserie, sans être de frise, aura des doucines poussées sur les joints : Le prix du mètre superficiel sera augmenté de.	0 30	0 40

NUMÉROS des PRIX.	DÉSIGNATION DES OUVRAGES.	PRIX de L'UNITÉ.
	Parquets en chêne, compris la pose des lambourdes et le replanissage après le travail des peintres : Le mètre superficiel est estimé, savoir : *A l'anglaise, et de* 0^m *027 d'épaisseur :*	
644.	*En frises*, de 0^m 12 à 0^m 15 de largeur, six francs cinquante centimes.	6^f 50
645.	*En frises*, de 0^m 08 à 0^m 11 de largeur, six francs soixante centimes.	6 60
646.	Lorsque dans une pièce les frises, sans exception, auront une largeur uniforme : Le prix du mètre sera augmenté de soixante centimes	0 60
	A l'anglaise, et de 0^m *034 d'épaisseur :*	
647.	*En frises*, de 0^m 12 à 0^m 15 de largeur, sept francs cinquante centimes	7 50
648.	*En frises*, de 0^m 08 à 0^m 11 de largeur, huit francs	8 00
649.	Lorsque dans une pièce les frises, sans exception, auront une largeur uniforme, le prix du mètre sera augmenté de un franc	1 00
	A point de Hongrie, et de 0^m *027 d'épaisseur :*	
650.	*Pour frises*, de 0^m 08 de largeur, et de 0^m 45 à 0^m 65 de longueur, neuf francs.	9 00
	A point de Hongrie, et de 0^m *034 d'épaisseur :*	
651.	*Pour frises*, semblables aux précédentes, onze francs cinquante centimes.	11 50
652.	*Encadrements*. Lorsque les parquets, soit en chêne, en sapin ou en châtaignier, auront des frises d'encadrement en chêne : Le mètre linéaire d'encadrement sera payé un franc	1 00
653.	*Parquets en sapin* ou en châtaignier, compris la pose des lambourdes et le replanissage après le travail des peintres : Le mètre superficiel est estimé, savoir : *A l'anglaise, et de* 0^m *027 d'épaisseur :*	
654.	*En frises*, de 0^m 12 à 0^m 16 de longueur, quatre francs vingt centimes.	4 20

NUMÉROS des PRIX.	DÉSIGNATION DES OUVRAGES.	PRIX de L'UNITÉ.
655.	*En frises*, de 0m 08 à 0m 115 de largeur, quatre francs cinquante centimes.	4f 50
	A l'anglaise, et de 0m 034 d'épaisseur :	
656.	*En frises*, de 0m 12 à 0m 16 de largeur, cinq francs vingt centimes.	5 20
657.	*En frises*, de 0m 08 à 0m 115 de largeur, cinq francs cinquante centimes.	5 50
	Lambourdes en chêne, pour valeur du bois seulement, la pose étant comprise dans les prix des parquets ci-dessus : Le mètre linéaire est estimé, savoir :	
658.	De 0m 054 sur 0m 08, soixante centimes.	0 60
659.	De 0m 08 sur 0m 08, soixante-quinze centimes.	0 75
	Nota. Au-dessus de ces dimensions, les lambourdes seront considérées comme charpente.	
660.	Nota. Lorsque la pose des lambourdes sera due à l'entrepreneur, elle sera payée : Le mètre linéaire, quinze centimes.	0 15
	Châssis ordinaires en chêne, ravalés de moulures, sans dormants, à grands ou à petits carreaux : Le mètre superficiel est estimé, savoir :	
661.	De 0m 027 d'épaisseur, six francs.	6 00
662.	De 0m 034 d'épaisseur, sept francs.	7 00
663.	De 0m 041 d'épaisseur, huit francs	8 00
664.	*Châssis à la grecque*, ou à compartiments irréguliers en chêne : Ils seront payés un quart en plus des prix ci-dessus, un quart.	$\frac{1}{4}$
665.	*Plus-value* de jet d'eau en chêne pour les divers châssis ci-dessus : Le mètre linéaire emboîté sur les châssis, un franc soixante centimes.	1 60
666.	Le mètre linéaire rapporté et cloué, un franc.	1 00
	Croisées en chêne, ouvrant à noix et à gueule de loup, avec dormant, jet d'eau et pièce d'appui : Le mètre superficiel est estimé, savoir :	
667.	*Châssis* de 0m 027, dormants de 0m 041 à grands ou à petits carreaux, huit francs vingt centimes.	8 20
668.	*Châssis* de 0m 034, dormants de 0m 041 à grands ou à petits carreaux, neuf francs.	9 00
669.	*Châssis* de 0m 034, dormants de 0m 054 à grands ou à petits carreaux, neuf francs vingt centimes.	9 20
670.	*Châssis* de 0m 041, dormants de 0m 054 à grands ou à petits carreaux, dix francs	10 00
671.	*Châssis* de 0m 047, dormants de 0m 060 à grands ou à petits carreaux, quatorze francs.	14 00
672.	*Châssis* de 0m 054, dormants de 0m 08 à grands ou à petits carreaux, seize francs.	16 00
673.	*Croisées sans petits bois :* Pour les croisées sans petits bois, les prix seront diminués d'un dixième.	$\frac{1}{10}$

NUMÉROS des PRIX.	DÉSIGNATION DES OUVRAGES.	PRIX de L'UNITÉ.
674.	*Portes vitrées en bois de chêne :* Elles seront payées aux prix ci-dessus des croisées, en ajoutant à leur hauteur 1/3 de la partie d'appui.	$\frac{1}{3}$
675.	*Impostes de croisées ou de portes croisées :* Il sera ajouté 0m 20 à la hauteur d'une croisée ou d'une porte croisée, pour tenir compte de l'imposte et des doubles traverses et jets d'eau.	0m 20
	Persiennes en bois de chêne : Le mètre superficiel est estimé, savoir :	
676.	*Châssis* de 0m 034 et lames de 0m 014 d'épaisseur, dix francs.	10f 00
677.	*Châssis* de 0m 041 et lames de 0m 02 d'épaisseur, douze francs.	12 00
678.	*Contrevents persiennes :* Ils seront payés comme porte d'assemblage avec plus value de un dixième.	$\frac{1}{10}$

NUMÉROS des PRIX.	DÉSIGNATION DES OUVRAGES.	PRIX POUR BATIS ET PANNEAUX en sapin ou en châtaignier.	PRIX POUR BATIS EN CHÊNE, panneaux en sapin ou en châtaignier.	PRIX POUR TOUT CHÊNE.
	Lambris, volets ou portes d'assemblage, sans plate-bande, quel que soit le nombre des panneaux : Le mètre superficiel est estimé, savoir :			
679.	*A glace* ou arasé, bâtis de 0m 027, panneaux de 0m 013, le 2e parement brut.	4f 70	5f 90	7f 00
680.	*A glace* ou arasé, bâtis de 0m 027, panneaux de 0m 013, avec deux parements.	5 50	6 90	8 20
681.	*A glace* ou arasé, bâtis de 0m 034, panneaux de 0m 013, le 2e parement brut.	5 10	6 40	7 50
682.	*A glace* ou arasé, bâtis de 0m 034, panneaux de 0m 013, avec deux parements.	5 90	7 50	8 80
683.	*A glace* ou arasé, bâtis de 0m 034, panneaux de 0m 020, le 2e parement brut	5 70	7 10	8 50
684.	*A glace* ou arasé, bâtis de 0m 034, panneaux de 0m 020, avec deux parements.	6 60	8 50	9 90
685.	*A glace* ou arasé, bâtis de 0m 041, panneaux de 0m 020, le 2e parement brut.	6 20	7 70	9 00
686.	*A glace* ou arasé, bâtis de 0m 041, panneaux de 0m 020, avec deux parements.	7 80	9 60	11 40

NUMÉROS des PRIX.	DÉSIGNATION DES OUVRAGES.	PRIX POUR		
		BATIS ET PANNEAUX en sapin ou en châtaignier.	BATIS EN CHÊNE, panneaux en sapin ou en châtaignier.	TOUT CHÊNE.
687.	*A glace* ou arasé, bâtis de 0^{m} 041, panneaux de 0^{m} 027, le 2e parement brut.	7^{f} 00	8^{f} 50	10^{f} 00
688.	*A glace* ou arasé, bâtis de 0^{m} 041, panneaux de 0^{m} 027, le 2e avec deux parements.	8 80	10 60	12 40
689.	*A glace* ou arasé, bâtis de 0^{m} 047, panneaux de 0^{m} 027, le 2e parement brut.	8 00	9 50	11 00
690.	*A glace* ou arasé, bâtis de 0^{m} 047, panneaux de 0^{m} 027, le 2e avec deux parements	9 60	11 40	13 90
	Lambris, *volets*, *ou portes d'assemblage*, sans plate-bande, quel que soit le nombre des panneaux : Le mètre superficiel est estimé, savoir :			
691	*A glace* ou arasé, bâtis de 0^{m} 054, panneaux de 0^{m} 027, le 2e parement brut.	9 00	11 00	13 00
692.	*A glace* ou arasé, bâtis de 0^{m} 054, panneaux de 0^{m} 027, avec deux parements	10 80	12 80	15 40
693.	*A glace* ou arasé, bâtis de 0^{m} 054, panneaux de 0^{m} 034, le 2e parement brut.	9 70	12 00	14 00
694.	*A glace* ou arasé, bâtis de 0^{m} 054, panneaux de 0^{m} 034, avec deux parements	14 00	15 90	18 50

NUMÉROS des PRIX.	DÉSIGNATION DES OUVRAGES.	PRIX POUR		
		BATIS ET PANNEAUX en sapin.	BATIS en chêne, PANNEAUX en sapin.	TOUT CHÊNE.
	Lambris, volets ou portes d'assemblage, à petits cadres, à plate-bande ou à table saillante, quel que soit le nombre de panneaux, profil de 0^{m} 025 à 0^{m} 055. Les corniches de couronnement et les plinthes payées à part.			
695.	*Bâtis* de 0^{m} 027, panneaux de 0^{m} 013, un parement, le 2e brut. . .	5^{f} 50	7^{f} 00	8^{f} 00
696.	*Id.* *id.* un parement, le 2e arasé	6 50	8 05	9 20
697.	*Id.* *id.* à deux parements.	6 70	8 50	9 80
698.	*Bâtis* de 0^{m} 034, panneaux de 0^{m} 013, un parement, le 2e brut. . .	5 90	7 50	8 50
699.	*Id.* *id.* un parement, le 2e arasé.	6 80	8 40	9 80
700.	*Id.* *id.* à deux parements.	7 20	8 90	10 40
701.	*Bâtis* de 0^{m} 034, panneaux de 0^{m} 020, un parement, le 2e brut. . .	6 50	8 00	9 50
702.	*Id.* *id.* un parement, le 2e arasé.	7 50	9 20	10 90
703.	*Id.* *id.* à deux parements.	8 00	10 00	11 60
704.	*Bâtis* de 0^{m} 041, panneaux de 0^{m} 020, un parement, le 2e brut. . .	7 00	8 60	10 00

NUMÉROS des PRIX.	DÉSIGNATION DES OUVRAGES.	PRIX POUR BATIS ET PANNEAUX en chêne.	PRIX POUR BATIS en chêne, PANNEAUX en sapin.	PRIX POUR TOUT CHÊNE.
705.	*Bâtis* de 0m 041, un parement, le 2e arasé.	8f 00	9f 90	11f 50
706.	*Id.* *id.* à deux parements.	9 00	10 50	12 20
707.	*Bâtis* de 0m 041, panneaux de 0m 027, un parement, le 2e brut.	7 90	9 20	11 00
708.	*Id.* *id.* un parement, le 2e arasé.	8 90	10 60	12 70
709.	*Id.* *id.* à deux parements.	9 90	11 20	13 40
	Lambris, volets ou portes d'assemblage à petits cadres, avec plate-bande ou à table saillante et quel que soit le nombre des panneaux, profil de 0m 025 à 0m 055. Les corniches de couronnement et les plinthes seront payées à part :			
710.	*Bâtis* de 0m 047, panneaux de 0m 027, un parement, le 2e brut.	8 50	11 00	12 00
711.	*Id.* *id.* un parement et le 2e arasé.	9 20	11 50	13 80
712.	*Id.* *id.* deux parements.	10 70	12 50	15 00
713.	*Bâtis* de 0m 054, panneaux de 0m 027, un parement, le 2e brut.	10 00	12 00	14 00
714.	*Id.* *id.* un parement et le 2e arasé.	11 50	13 80	16 40
715.	*Id.* *id.* deux parements.	14 00	16 00	18 50
716.	*Bâtis* de 0m 054, panneaux de 0m 034, un parement, le 2e brut.	10 70	13 00	15 00
717.	*Id.* *id.* un parement et le 2e arasé.	12 50	14 90	17 50
718.	*Id.* *id.* deux parements.	13 00	16 90	20 00

NUMÉROS des PRIX.	DÉSIGNATION DES OUVRAGES.	PRIX de L'UNITÉ.
719.	*Plus-value.* Lorsque les tables saillantes seront à pointes de diamant ou en chanfrein de plus de dix centimètres de largeur : Le mètre superficiel sera augmenté, pour chaque parement, de vingt centimes	0f 20

NUMÉROS des PRIX.	DÉSIGNATION DES OUVRAGES.	PRIX POUR BATIS ET PANNEAUX en sapin.	PRIX POUR BATIS en chêne, PANNEAUX en sapin.	PRIX POUR TOUT CHÊNE.
	Lambris, volets et portes d'assemblage à grands ou petits cadres, embrevés, avec plate-bande ou à table saillante et quel que soit le nombre de panneaux, la largeur du profil et la saillie du cadre :			
720.	*Bâtis* de 0m 027, panneaux de 0m 015, un parement, le 2e brut	6f 50	8f 40	10f 00
721.	*Id.* *id.* à un parement, le 2e arasé.	7 00	9 10	11 00

NUMÉROS des PRIX.	DÉSIGNATION DES OUVRAGES.	PRIX POUR BATIS ET PANNEAUX en sapin.	BATIS en chêne, PANNEAUX en sapin.	TOUT CHÊNE.
722.	*Bâtis* de 0m 027, à deux parements.	9f 50	11f 20	13f 50
723.	*Bâtis* de 0m 034, panneaux de 0m 013, un parement, le 2e brut.	7 00	9 00	10 00
724.	*Id.* *id.* à un parement, le 2e arasé.	7 70	10 00	12 00
725.	*Id.* *id.* à deux parements.	9 80	12 10	14 40
726.	*Bâtis* de 0m 034, panneaux de 0m 02, un parement, le 2e brut.	8 00	11 00	12 50
727.	*Id.* *id.* à un parement, le 2e arasé.	8 70	12 00	13 50
728.	*Id.* *id.* à deux parements.	10 80	13 50	16 20
729.	*Bâtis* de 0m 041, panneaux de 0m 02, un parement, le 2e brut.	12 20	13 00	14 50
730.	*Id.* *id.* à un parement arasé.	13 00	14 50	16 00
731.	*Id.* *id.* à deux parements.	14 00	15 50	17 00
732.	*Bâtis* de 0m 041, panneaux de 0m 027, un parement, le 2e brut.	12 80	13 90	15 40
733.	*Id.* *id.* à un parement arasé.	13 50	15 20	16 90
734.	*Id.* *id.* à deux parements.	14 50	16 20	17 90
735.	*Bâtis* de 0m 047, panneaux de 0m 027, un parement, le 2e brut.	13 60	14 90	16 90
736.	*Id.* *id.* à un parement arasé.	15 00	16 40	18 40
737.	*Id.* *id.* à deux parements.	16 50	18 00	20 00
738.	*Bâtis* de 0m 054, panneaux de 0m 027, un parement, le 2e brut.	14 00	16 20	18 50
739.	*Id.* *id.* à un parement arasé.	16 00	17 90	20 20
740.	*Id.* *id.* à deux parements.	18 50	20 70	23 50
741.	*Bâtis* de 0m 054, panneaux de 0m 034, un parement, le 2e brut.	15 00	17 20	20 00
742.	*Id.* *id.* à un parement arasé.	17 00	18 90	21 70
743.	*Id.* *id.* à deux parements.	19 50	21 70	24 50

NUMÉROS des PRIX.	DÉSIGNATION DES OUVRAGES.	PRIX de L'UNITÉ.
744.	Lorsque la menuiserie ne portera pas de table saillante ni de plate-bande, le mètre superficiel sera diminué, pour chaque parement, de trente centimes.	0f 30
745.	Lorsque les tables saillantes seront à pointes de diamant : Le mètre superficiel sera augmenté de vingt centimes.	0 20

NUMÉROS des PRIX.	DÉSIGNATION DES OUVRAGES.	PRIX de L'UNITÉ.
746.	*Grandes portes vitrées*, semblables à celles qui existent déjà pour le bâtiment principal de la gare du Mans, tout compris, telles qu'elles sont en place : Le mètre superficiel est estimé, trente francs.	30f 00
747.	*Grandes portes de remises*, bâtis en chêne de 0m 08 sur 0m 20, frises de 0m 027 sur 0m 11 avec baguette sur les joints, rainées, collées, 2 parements, dans le genre de celles déjà existantes : Le mètre superficiel est estimé, onze francs.	11 00
748.	*Pour les faces cintrées*, soit en plan, soit en élévation, pour croisées ou archivoltes, persiennes, châssis, lambris, parquets, y compris tous les assemblages quelconques : Le surface réelle seulement des parties cintrées, sera comptée en double.	Observation.
749.	*Établi en hêtre* de 0m 11 d'épaisseur, à trois parements, les montants et les traverses aussi en hêtre, les tiroirs et les coulisseaux en chêne : Le mètre superficiel est estimé, dix-neuf francs cinquante centimes	19 50

		PRIX EN BOIS DE		
		SAPIN.	CHATAIGNIER.	CHÊNE.
	Cloisons ou façades de hangar, bâtiments ou latrines en planches entières de 0m 20 à 0m 25 de largeur, sans assemblages, clouées sur les pièces de charpente. Les couvre-joints non compris :			
750.	*Épaisseur* de 0m 020, un parement, l'autre brut.	2f 75	3f 20	3f 70
751.	*Id.* *id.* deux parements.	3 00	3 50	4 00
752.	*Id.* de 0m 027, un parement, l'autre brut.	3 45	4 00	4 70
753.	*Id.* *id.* deux parements.	3 70	4 40	5 00
754.	*Id.* de 0m 034, un parement, l'autre brut.	4 10	4 80	5 70
755.	*Id.* *id.* deux parements.	4 35	5 10	6 00
	NOTA. Les couvre-joints sont comptés aux nos 810, 811.	»	»	Observation.

§ 2. OUVRAGES EN BOIS NEUF, AU MÈTRE LINÉAIRE.

		Prix pour chaque centimètre en plus ou en moins de la largeur.		PRIX POUR	
		SAPIN	CHÊNE.	SAPIN.	CHÊNE.
	NOTA. — Pour les lambourdes, voir les nos 658, 659 et 660 : Pour la plus-value de jet d'eau de châssis, voir les nos 665 et 666 :				
	Bandeaux, champs, plinthes, tringles, cimaises, bâtis d'huisserie, etc., assemblés, soit d'onglets, cloués ou collés, ou à tenons et mortaises, à trois ou quatre parements :				
756.	*En bois* de 0m 015 d'épaisseur et sur 0m 10 de largeur.	0f 03	0f 04	0f 40	0f 50

NUMÉROS des PRIX.	DÉSIGNATION DES OUVRAGES.	Prix pour chaque centimètre en plus ou en moins de largeur. SAPIN.	CHÊNE.	PRIX POUR SAPIN	CHÊNE.
757.	*En bois* de 0m 020 d'épaisseur sur 0m 10 de largeur	0f 03	0f 04	0f 45	0f 60
758.	*Id.* 0m 027 id. 0m 10 id.	0 03	0 05	0 55	0 80
759.	*Id.* 0m 034 id. 0m 10 id.	0 04	0 06	0 60	0 90
760.	*Id.* 0m 041 id. 0m 10 id.	0 06	0 08	0 70	1 10
	Bâtis de cloisons, en briques de champ ou à plat, poteaux d'huisserie et ouvrages analogues, à deux ou trois parements et refouillés pour l'encastrement des briques :				
761.	*En bois* de 0m 047 d'épaisseur sur 0m 10 de largeur.	0 06	0 08	0 80	1 20
762.	*Id.* 0m 054 id. 0m 10 id.	0 08	0 10	0 90	1 30
763.	*Id.* 0m 08 id. 0m 10 id.	0 10	0 12	1 00	1 65
764.	*Id.* 0m 10 id. 0m 10 id.	0 10	0 14	1 10	1 85
765.	*Id.* 0m 12 id. 0m 10 id.	0 11	0 16	1 30	2 00
766.	*Id.* 0m 14 id. 0m 10 id.	0 15	0 20	1 50	2 20
767.	A 0m 15 d'épaisseur et 0m 15 de largeur et au-dessus, les bâtis seront considérés comme charpente			Observation.	
	Chambranles, cimaises et plinthes moulurées coupées d'angles :				
768.	*En bois* de 0m 013 d'épaisseur sur 0m 10 de largeur.	0 03	0 05	0 45	0 55
769.	*Id.* 0m 020 id. 0m 10 id.	0 04	0 06	0 50	0 65
770.	*Id.* 0m 027 id. 0m 10 id.	0 04	0 06	0 60	0 90
771.	*Id.* 0m 034 id. 0m 10 id.	0 05	0 08	0 70	1 10
772.	*Id.* 0m 041 id. 0m 10 id.	0 06	0 10	0 80	1 30
	Bordures, corniches, moulures ordinaires :				
773.	*En bois* de 0m 013 d'épaisseur sur 0m 10 de largeur.	0 04	0 06	0 50	0 80
774.	*Id.* 0m 020 id. 0m 10 id.	0 04	0 07	0 60	0 95
	Bordures, moulures, corniches :				
775.	*En bois* de 0m 027 d'épaisseur sur 0m 10 de largeur.	0 04	0 08	0 65	1 05
776.	*Id.* 0m 034 id. 0m 10 id.	0 05	0 10	0 80	1 40
777.	*Id.* 0m 041 id. 0m 10 id.	0 06	0 11	0 90	1 55
778.	*Id.* 0m 054 id. 0m 10 id.	0 09	0 14	1 30	1 90

NUMÉROS des PRIX.	DÉSIGNATION DES OUVRAGES.	Prix pour chaque centimètre en plus ou en moin de largeur.		PRIX POUR	
		SAPIN.	CHÊNE.	SAPIN.	CHÊNE.
	Cadres figurant panneaux :				
779.	*En bois* de 0^{m} 015 d'épaisseur sur 0^{m} 10 de largeur.	0^{f} 05	0^{f} 07	0^{f} 80	1^{f} 00
780.	*Id.* 0^{m} 020 id. 0^{m} 10 id.	0 05	0 07	0 85	1 15
781.	*Id.* 0^{m} 027 id. 0^{m} 10 id.	0 06	0 07	0 90	1 30
782.	*Id.* 0^{m} 034 id. 0^{m} 10 id.	0 07	0 13	1 10	1 70
783.	*Id.* 0^{m} 041 id. 0^{m} 10 id.	0 10	0 15	1 40	1 90
784.	*Id.* 0^{m} 054 id. 0^{m} 10 id.	0 13	0 20	1 70	2 30
	Corniches volantes de plusieurs pièces, développées, compris rainures d'embrèvement, clous ou collage et pose :				
785.	*En bois* de 0^{m} 027 d'épaisseur sur 0^{m} 10 de largeur.	0 04	0 05	0 75	1 10
786.	*Id.* 0^{m} 034 id. 0^{m} 10 id.	0 04	0 05	0 90	1 30
787.	*Id.* 0^{m} 041 id. 0^{m} 10 id.	0 05	0 08	1 00	1 65
788.	*Id.* 0^{m} 054 id. 0^{m} 10 id.	0 06	0 10	1 40	2 10
	Chambranles d'assemblages, ou corniches de couronnements de lambris, ravalés de moulures avec socles et rainures d'embrèvement :				
789.	*En bois* de 0^{m} 027 d'épaisseur sur 0^{m} 10 de largeur.	0 06	0 09	0 85	1 25
790.	*Id.* 0^{m} 034 id. 0^{m} 10 id.	0 07	0 12	1 00	1 60
791.	*Id.* 0^{m} 041 id. 0^{m} 10 id.	0 08	0 13	1 10	1 80
792.	*Id.* 0^{m} 054 id. 0^{m} 10 id.	0 12	0 17	1 60	2 40
793.	*Lames de persiennes* de lanternes, dans les combles, elles seront comptées au mètre linéaire suivant leurs dimensions, aux prix des nos 756 à 760			Observation	

		PRIX de L'UNITÉ.
794.	*Crémaillères en hêtre* pour tablettes de placards : Le mètre linéaire est estimé, quatre-vingts centimes.	0^{f} 80
795.	*Baguettes d'angles* en sapin de 0^{m} 015 à 0^{m} 025 de diamètre : Le mètre linéaire est estimé, trente centimes.	0 30
796.	*Demi-baguettes* en sapin de 0^{m} 015 à 0^{m} 025 de diamètre : Le mètre linéaire est estimé, vingt-cinq centimes	0 25
797.	*Barres d'appui* en chêne, profil à gorge ou olive : Le mètre linéaire est estimé, un franc trente centimes	1 30

NUMÉROS des PRIX.	DÉSIGNATION DES OUVRAGES.	PRIX de L'UNITÉ.
798.	*Mains-courantes* en acajou, pour escalier, profil olive, vernies et polies, en partie droite : Le mètre linéaire est estimé, cinq francs	5f 00
799.	*Mains-courantes* en acajou, pour escalier, profil olive, vernies et polies, en partie courbe : Le mètre linéaire est estimé, sept francs	7 00
800.	*Arrondissement d'angles* de tablettes, ou autres pièces en chêne ou en sapin : Le mètre linéaire est estimé, cinq centimes	0 05
801.	*Entailles*, à deux et trois arasements, pour tablettes : La pièce est estimée, cinq centimes	0 05
802.	*Entailles*, à deux et trois arasements, pour lames de persiennes ou lanternes : La pièce est estimée, dix centimes.	0 10
803.	*Moulures* poussées sur rives de 0m 027 pour bancs, etc. : Le mètre linéaire est estimé, quinze centimes	0 15
804.	*Moulures* poussées au rabot, sur rives de 0m 034 : Le mètre linéaire est estimé, trente centimes.	0 30
805.	*Goussets chantournés*, de 0m 20 à 0m 30 de grandeur, en chêne ou sapin : La pièce est estimée, cinquante centimes.	0 50
806.	*Chevilles à mentonnet* de porte-menteau, en chêne : La pièce ajustée est estimée, vingt centimes	0 20
807.	*Rosette tournée* de porte-manteau, en chêne : La pièce avec sa tige ajustée est estimée, cinquante centimes.	0 50
808.	*Tasseaux* en chêne de 0m 027 à 0m 034 : La pièce est estimée, trente centimes	0 30
809.	*Tasseaux* en sapin de 0m 027 à 0m 034 : La pièce est estimée, vingt-cinq centimes.	0 25
810.	*Couvre-joints* en sapin, sans moulures, avec les angles abattus, de 0m 015 sur 0m 04 de largeur : Le mètre linéaire est estimé, trente centimes.	0 30
811.	*Couvre-joints* en sapin, à moulures doubles, avec les angles abattus, de 0m 015 sur 0m 04 de largeur : Le mètre linéaire est estimé, trente-cinq centimes.	0 35
812.	*Trous percés* et tamponnés en pierre dure ou brique : Chaque trou est estimé, six centimes	0 06
	Dessus de siéges d'aisances en chêne de 0m 034, à tampons, barres à queues et à tenons de 1m 20 à l'équerre :	
813.	Chaque dessus est estimé, six francs.	6 00
814.	Pour 0m 20 en plus à l'équerre, cinquante centimes.	0 50

NUMÉROS des PRIX.	DÉSIGNATION DES OUVRAGES.	PRIX de L'UNITÉ.
815.	*Dessus de siéges d'aisances* en chêne, à l'Anglaise, à moulures devant, bâtis de 0m 034, abattant de 0m 027, emboîté, barres à queues et tasseaux de 1m 20 à l'équerre : Chaque dessus de siége est estimé, dix francs	10f 00
816.	Pour 0m 20 en plus, à l'équerre, quatre-vingt-cinq centimes	0 85

NUMÉROS des PRIX.	DÉSIGNATION DES OUVRAGES.	PRIX DE L'UNITÉ EN BOIS DE SAPIN.	PRIX DE L'UNITÉ TOUT CHÊNE.
	PORTILLONS ET BARRIÈRES EN CHARPENTE, MENUISERIE ET OUVRAGES ANALOGUES.		
	Lames employées dans les différents systèmes de barrières de gare, de passages à niveau ou portillons.		
817.	*Lames* en bois brut, de 0m 05 de largeur sur 0m 02 d'épaisseur, système de portillons : Le mètre courant, posé, ajusté et cloué, est estimé	0f 10	0f 15
818.	*Mêmes lames* en bois corroyé sur les quatre faces : Le mètre courant, tout posé, est estimé	0 20	0 30
819.	*Lames* en bois brut, de 0m 035 de largeur sur 0m 02 d'épaisseur, système de clôture barrière : Le mètre courant, tout posé, est estimé	0 07	0 08
820.	*Poteaux* en chêne brut à vive arête de 0m 06 à 0m 08 d'équarrissage : Le mètre courant, tout posé, est estimé.	0 40	0 50
821.	*Traverses, écharpes ou bâtis* en bois brut, de 0m 04 de largeur sur 0m 02 d'épaisseur, système de clôture barrière : Le mètre courant, tout posé, est estimé.	0 08	0 10
822.	*Mêmes traverses* en bois corroyé sur les quatre faces : Le mètre courant, tout posé, est estimé.	0 15	0 25
823.	*Lames* en bois brut, de 0m 08 de largeur sur 0m 015 d'épaisseur, système des gares de la 5e division : Le mètre courant, tout posé, est estimé.	0 15	0 20
824.	*Mêmes lames* en bois corroyé sur les quatre faces : Le mètre courant est estimé.	0 22	0 33
825.	*Traverses, écharpes ou bâtis* en bois brut, de 0m 11 de largeur sur 0m 04 d'épaisseur, système de clôture des gares de la 5e division : Le mètre courant est estimé.	0 25	0 35
826.	*Mêmes traverses* en bois corroyé sur les quatre faces : Le mètre courant est estimé	0 35	0 50

NUMÉROS des PRIX.	DÉSIGNATION DES OUVRAGES.		PRIX de L'UNITÉ.
827.	*Clôtures*, système portillons, suivant la circulaire, service général n° 65 : Le mètre courant est estimé, compris pose, fouille, serrurerie, peinture et petites portes, vingt francs		20f 00
	DÉTAIL.		
	Pour un côté de la voie sur 4m 20 de longueur :		
	1 poteau de battement, de 0m 12 à 0m 14 d'équarrissage et de 2m 40 de longueur à 2f 60 (n° 766)	6f 24	
	4 poteaux, de 2m 40 sur 0m 12 à 0m 12, ensemble 9m 60 à 2f 32 (n° 765)	22 27	
	2 bâtis en chêne, de 1m 30 sur 0m 08 à 0m 06 ; 2m 60 à 1f 17 (n° 763)	3 04	
	2 bâtis en chêne, de 3m 40 de longueur sur 0m 09 à 0m 04 d'équarrissage : 6m 80 à 1f 02 (n° 760)	6 93	
	24 lames en chêne de 1m 30 sur 0m 05 à 0m 02 d'équarrissage, 31m 20 de longueur, ensemble à 0f 30 (n° 818)	9 36	
	1m 80 cubes de terrassements à 0f 65 (n° 16)	1 17	
	1m 38 cubes de maçonnerie à pierre sèche à 7f 70 (n° 144)	10 63	
	3 équerres de 0m 32 de développement chaque, sur 0m 025 de largeur et 0m 005 d'épaisseur, 0m 96 à 2f 00 (n° 945)	1 92	
	2 paumelles doubles de 0m 11, à boules, renforcées, à 0f 90 (n° 966)	1 80	
	1 galet avec sa tige et son chemin circulaire à 4f 00 (n° 933)	4 00	
	1 loquet avec sa clef, suivant modèle à 5f 00 (n° 956)	5 00	
	9m 73 carrés de peinture à l'huile, 3 couches à 1f 00 (n° 1078)	9 73	
	Pose, transport et faux frais	1 91	
	TOTAL	84f 00	
	Soit par mètre courant, vingt francs		20 00
828.	Mêmes barrières en bois brut : Le mètre courant est estimé, quinze francs		15 00
829.	*Clôtures de gare*, en bois de chêne, système barrière, de 2m 00 de hauteur, compris bois, fondation, pose, peinture etc. : Le mètre courant est estimé, dix francs		10 00
	DÉTAIL.		
	2m 40 de longueur de poteaux, de 0m 06 à 0m 08 d'équarrissage à 0f 50 le mètre courant (n° 820)	1f 20	
	28m 00 de longueur de lames de 0m 035 de largeur sur 0m 020 d'épaisseur, à 0f 08 le mètre courant (n° 819)	2 24	
	5m 00 de longueur de traverses de 0m 04 de largeur sur 020 d'épaisseur, à 0f 10 le mètre (n° 821)	0 50	
	Fournitures de clous et faux frais	0 06	
	TOTAL	4f 00	
	A reporter	4f 00	

NUMÉROS des PRIX.	DÉSIGNATION DES OUVRAGES.		PRIX de L'UNITÉ.
	Report.	4f 00	
	Pose. Fouilles de fondation : 0m 15 cubes à 0f 65 (n° 16).	0 10	
	Maçonnerie à pierre sèche : 0m 15 cubes à 7f 70 (n° 144).	1 16	
	Pose et faux frais.	0 74	
	4m 00 carrés de peinture à l'huile à 3 couches 1f 00.	4 00	
	TOTAL.	10f 00	
830.	*Mêmes clôtures de gare*, mais de 1m 50 de hauteur : Le mètre courant est estimé, sept francs quatre-vingts centimes		7f 80
	DÉTAIL.		
	1m 90 de longueur de poteaux de 0m 06 à 0m 08 d'équarrissage, à 0f 50 le mètre courant (n° 820)	0f 95	
	21m 00 de longueur de lames, à 0f 08 (n° 819)	1 68	
	4m 00 de longueur de traverses à 0f 10 (n° 814)	0 40	
	TOTAL.	3f 03	
	Pose. Fouilles de fondation : 0m 15 cubes à 0f 65 (n° 16).	0 10	
	Maçonnerie à pierre sèche : 0m 15 cubes à 7f 70 (n° 144)	1 16	
	Pose, faux frais et transport.	0 51	
	3m 00 carrés de peinture à l'huile à 3 couches à 1f 00.	3 00	
	TOTAL.	7f 80	
831.	*Clôtures de gare*, système des clôtures en menuiserie du service de la construction, de 1m 40 de hauteur : Le mètre courant est estimé, y compris les petites portes d'entrée, six francs		6 00
	DÉTAIL d'un panneau de 3m 00 de longueur.		
	Un poteau en chêne de 2m 15 de longueur sur 0m 10 à 0m 12 d'équarrissage :		
	0m 0258 cubes de charpente à 110f 00 (n° 335)	2f 84	
	6m 20 de longueur de traverses en sapin brut de 0m 10 de largeur sur 0m 04 d'épaisseur, à 0f 25	1 55	
	18 lames en sapin brut, de 1m 35 de longueur sur 0m 08 de largeur et 0m 015 d'épaisseur, 24m 30 à 0f 15.	3 64	
	Fouilles de fondation : 0m 15 cubes à 0f 65.	0 10	
	Maçonnerie à pierre sèche : 0m 10 cubes à 7f 70 (n° 144).	0 77	
	Pose, clous, faux frais et transport	1 00	
	8m 10 carrés de peinture à l'huile, à trois couches, à 1f 00	8 10	
	TOTAL pour 3 mètres de longueur.	18f 00	
	Soit pour un mètre de longueur, six francs		6 00

NUMÉROS des PRIX.	DÉSIGNATION DES OUVRAGES.	PRIX de L'UNITÉ.
832.	*Mêmes clôtures* en même bois, corroyé sur toutes les faces, huit francs.	8f 00
	§ 3. OUVRAGES EN MATÉRIAUX VIEUX, AU MÈTRE SUPERFICIEL.	
833.	*Dépose* de portes, croisées, cloisons, châssis, persiennes, tablettes, chéneaux, etc., avec transport dans le magasin, quinze centimes	0 15
834.	*Dépose* de lambris, compris descellement des pattes, avec transport dans le magasin, trente centimes.	0 30
835.	*Dépose* de parquet, en frises ou en feuilles, y compris dépose de lambourdes avec transport dans le magasin, vingt centimes	0 20
836.	*Dépose* de grandes portes, de plus de 3m 00 de surface, pour un ventail ou partie d'un seul tenant et de 0m 054 à 0m 08 d'épaisseur de bâtis, cinquante centimes	0 50
837.	*Repose* de portes, croisées, cloisons, châssis, persiennes, lambris, chéneaux, compris transport en magasin, cinquante centimes	0 50
838.	Le mètre, posés et coupés, soixante-dix centimes	0 70
839.	Le mètre, posés et coupés et de plus équarrés, un franc.	1 00
840.	Le mètre, posés et coupés, rainés et feuillés au pourtour, un franc vingt centimes	1 20
	Portes pleines ou *volets* emboîtés haut et bas avec barres et clefs déchevillées, retaillées sur la hauteur, rechevillées et reposées :	
841.	*Sapin*, un franc vingt centimes.	1 20
842.	*Chêne*, un franc cinquante centimes.	1 50
	Portes pleines, mais de plus équarries et retaillées en tous sens :	
843.	*Sapin*, un franc cinquante centimes.	1 50
844.	*Chêne*, deux francs.	2 00
845.	*Parquets* de 0m 027 à 0m 034 d'épaisseur, à l'anglaise, rainés, ajustés et reposés, un franc cinquante centimes.	1 50
846.	*Parquets replanis*, quarante centimes en plus	0 40
847.	*Châssis et croisées* et portes-croisées, déchevillés sur la hauteur, ajustés et reposés, un franc soixante-dix centimes	1 70
848.	*Châssis et croisées* et portes-croisées, déchevillés sur la hauteur, et retaillés sur la largeur, deux francs trente centimes.	2 30
849.	*Persiennes* déchevillées, retaillées en tout ou partie et reposées, deux francs cinquante centimes.	2 50
850.	*Lambris et portes d'assemblage* à panneaux déchevillés, réchevillés et reposés pour façon d'armoires, parquets de glace retaillés en tout ou partie et reposés, deux francs	2 00

NUMÉROS des PRIX.	DÉSIGNATION DES OUVRAGES.	PRIX de L'UNITÉ.
851.	*Lambris et portes d'assemblages* pour portes à petits cadres, deux francs vingt centimes.	2f 20
852.	*Id.* pour portes à grands cadres, deux francs quatre-vingts centimes. .	2 80
	§ 4. OUVRAGES EN VIEUX BOIS AU MÈTRE LINÉAIRE.	
853.	*Dépose* de plinthes, bandeaux, cimaises, moulure, entre-toises, coulisses, lambourdes, avec transport et rangement au magasin, cinq centimes	0 05
854.	*Dépose* de corniches volantes enlevées à l'échelle, sept centimes	0 07
855.	*Id.* de bâtis, huisseries, chambranles, sans être déchevillés, six centimes.	0 06
856.	*Id.* les mêmes, déchevillés et reposés, dix centimes	0 10
857.	*Tasseaux reposés*, cinq centimes.	0 05
858.	*Id.* coupés de mesure et reposés, sept centimes.	0 07
859.	*Tasseaux déposés*, façonnés entièrement et reposés, dix centimes.	0 10
860.	*Coulisses*, barres, entre-toises, plinthes, champs, tringles, battements, avant et arrière-corps, pilastres, bâtis de tenture, poteaux de remplissage, cimaises, moulures, bordures et corniches ordinaires, quelles que soient leurs dimensions, reposées, dix centimes	0 10
861.	*Coulisses*, barres, entre-toises, plinthes, champs, tringles, battements, avant et arrière-corps, pilastres, bâtis de tenture, poteaux de remplissage, cimaises, moulures, bordures et corniches ordinaires, reposés et retaillés, vingt centimes	0 20
862.	*Coulisses*, barres, entre-toises, plinthes, champs, tringles, battements, avant et arrière-corps, pilastres, bâtis de tenture, poteaux de remplissage, cimaises, moulures, bordures et corniches ordinaires, façonnés entièrement et reposés (chêne ou sapin), vingt-cinq centimes	0 25
863.	*Bâtis de portes d'armoires*, reposés seulement, quelles que soient leurs dimensions, vingt centimes.	0 20
864.	*Id.* retaillés et reposés, trente centimes.	0 30
865.	*Id.* façonnés entièrement et reposés (chêne ou sapin), cinquante centimes. .	0 50
866.	*Bâtis et huisseries*, reposés seulement, quelles que soient leurs dimensions, vingt centimes.	0 20
867.	*Id.* taillés et reposés (en chêne ou sapin), quarante centimes	0 40
868.	*Id.* façonnés entièrement et reposés (chêne ou sapin), cinquante centimes.	0 50
869.	*Chambranles* ravalés et assemblés (chêne ou sapin), vingt-cinq centimes	0 25
870.	*Id.* retaillés et reposés (chêne ou sapin), quarante-cinq centimes	0 45

NUMÉROS des PRIX.	DÉSIGNATION DES OUVRAGES.	PRIX de L'UNITÉ.
871.	*Chambranles* ravalés, assemblés et façonnés entièrement, quelles que soient leurs dimensions (chêne ou sapin), un franc dix centimes.	1f 10
872.	*Cadres* figurant des panneaux, reposés, compris coupes d'onglets et tampons, vingt centimes. . . .	0 20
873.	*Id.* retaillés et reposés, vingt-cinq centimes	0 25
874.	*Corniches volantes* reposées, vingt-cinq centimes.	0 25
875.	*Id.* retaillées et reposées, trente centimes	0 30
876.	*Id.* reposées, vingt centimes	0 20
877.	*Id.* rainées, collées et reposées trente-cinq centimes	0 35
878.	*Id.* façonnées entièrement, quelles que soient leurs dimensions (chêne ou sapin), quarante-cinq centimes.	0 45
879.	*Emboitures*, rainées, assemblées, reposées et chevillées, vingt-cinq centimes	0 25
880.	*Id.* façonnées entièrement, jusqu'à 0m 054 d'épaisseur et 0m 12 de largeur (chêne ou sapin), soixante-dix centimes	0 70
881.	*Le loyer* du mètre linéaire de planches, chevrons, madriers, lambourdes, pour clôtures ou ponts provisoires, compris clous, pose et dépose, douze centimes.	0 12
	NOTA. Le sciage de planche de chêne ou sapin au mètre superficiel, comme à l'article charpente (nos 383 et 384).	

		PRIX DE L'UNITÉ.	
		SAPIN.	CHÊNE OU CHATAIGNIER.
882.	Les découpures de lambrequin à la scie mécanique seront comptées au mètre courant, suivant le développement des entailles, savoir :		
	1° En bois de 0m 015 d'épaisseur.	0f 50	0f 60
	2° id. de 0m 020 id.	0 55	0 65
	3° id. de 0m 027 id.	0 60	0 70
	4° id. de 0m 034 id.	0 65	0 75
	5° id. de 0m 041 id.	0 70	0 80

NUMÉROS des PRIX.	DÉSIGNATION DES OUVRAGES.	PRIX de L'UNITÉ.
	CHAPITRE IX.	
	SERRURERIE.	
	ARTICLE 1er. — *Prix élémentaires.*	
	JOURNÉES.	
883.	*Serrurier* ajusteur, trois francs vingt centimes	3f 20
884.	*Serrurier* forgeur, deux francs soixante-dix centimes	2 70
885.	*Homme de peine*, deux francs quarante centimes	2 40
	ARTICLE 2. — *Prix des ouvrages.*	
	§ 1er. OUVRAGES NEUFS.	
	1° FERRONNERIE AU POIDS.	
886.	*Gros fer brut*, demi-roche, pour linteaux, etc., sans assemblage, coupé de longueur, compris pose : Le kilogramme est estimé, cinquante centimes	0 50
887.	*Gros fer forgé*, pour chaînes, harpons, clous à bateau : Le kilogramme est estimé, soixante centimes	0 60
888.	*Gros fer forgé*, pour étriers, potences, gros boulons de plus de trois kilogrammes, chevillettes, clous à bâtiment, grilles, etc. : Le kilogramme est estimé, soixante-dix centimes	0 70
889.	*Gros fer forgé*, pour fermes en fer, combles, marquises, boulons de toutes dimensions au-dessous de 3 kilogrammes, et tringles de portes roulantes, compris vis : Le kilogramme est estimé, un franc	1 00
890.	*Gros fer forgé*, pour plates-bandes d'escalier et équerres diverses, compris les vis : Le kilogramme est estimé, un franc vingt centimes	1 20
891.	*Gros fer forgé*, pour ferrures de portes de remise, compris vis et grosses espagnolettes : Le kilogramme est estimé, un franc quarante centimes	1 40
892.	*Rapointis* : Le kilogramme est estimé, trente-cinq centimes	0 35
893.	*Clous d'épingle* de toutes longueurs : Le kilogramme est estimé, quatre-vingt-dix centimes	0 90
894.	*Fonte* pour sabots, sur modèles exprès, balcons, escaliers, fermes, ornements, etc. : Le kilogramme est estimé, non compris pose, trente-cinq centimes	0 35

NUMÉROS des PRIX.	DÉSIGNATION DES OUVRAGES.	PRIX de L'UNITÉ.
895.	*La même fonte*, compris pose : Le kilogramme est estimé, quarante centimes	0f 40
896.	*Fonte* pour colonnes creuses sur modèles, réchauds, fourneau : Le kilogramme est estimé, non compris pose, trente centimes	0 30
897.	*La même fonte*, y compris pose : Le kilogramme est estimé, trente-cinq centimes	0 35
898.	*Fonte* pour tuyaux de descente et garnitures de poêle : Le kilogramme est estimé, non compris pose, vingt-huit centimes	0 28
899.	*La même fonte*, y compris pose : Le kilogramme est estimé, trente-deux centimes	0 32
900.	*Fonte* pour plaques de gargouilles, de trottoirs, plaques de cheminées gauffrées ou ornées : Le kilogramme est estimé, trente-trois centimes	0 33
901.	*Fonte* pour ornement de modèle riche, grilles exprès pour calorifères dans les parquets, fourni sur ordre écrit : Le kilogramme est estimé, compris pose, soixante centimes	0 60

§ 2. OUVRAGES DE QUINCAILLERIE, A LA PIÈCE,

COMPRIS ENTAILLES, VIS, POSE, ETC.

902.	*Anneaux* pour mangeoires d'écurie ou lacet, à vis, à écrou ou à scellement de 0m 08 à 0m 11 de diamètre, quarante centimes	0 40
903.	*Arrêts de contrevents* ou de persiennes, à contre-poids, à pointe, ou à scellement, avec chaînette et clavette, compris le scellement en plâtre, soixante centimes	0 60
904.	*Arrêts*, soit à volutes, soit à ressorts ou à pompe, soit à poignée ou à anneau, avec mentonnet à ressort et gâche scellée, quatre-vingt-dix centimes	0 90
905.	*Bec-de-cane*, de 0m 08 de longueur, renforcé, gâche encloisonnée, polie, posée avec vis et rosette, entaillé et fixé avec vis, compris gâche, sans le bouton, deux francs quarante centimes	2 40
906.	*Bec-de-cane*, de 0m 11 de longueur, renforcé, gâche encloisonnée, polie, posée avec vis et rosette, entaillé et fixé avec vis, compris gâche, sans le bouton, deux francs soixante-cinq centimes	2 65
907.	*Bec-de-cane*, de 0m 14 de longueur, renforcé, gâche encloisonnée, polie, posée avec vis et rosette, entaillé et fixé avec vis, compris gâche, sans le bouton, trois francs vingt centimes	3 20
908.	*Bec-de-cane*, de 0m 16 de longueur, renforcé, gâche encloisonnée, polie, posée avec vis et rosette, entaillé et fixé avec vis, compris gâche, sans le bouton, trois francs quatre-vingt-cinq centimes	3 85
909.	Les mêmes becs-de-cane, avec verrou de nuit, en plus soixante centimes	0 60
910.	*Boutons doubles* en cuivre, ovales, à perles, à embases de 0m 05 sur 0m 3, un franc trente centimes	1 30

NUMÉROS des PRIX.	DÉSIGNATION DES OUVRAGES.	PRIX de L'UNITÉ.
911.	*Boutons doubles* en cuivre, ovales, à perles, à embases, de 0m 06 sur 0m 04, deux francs vingt-cinq cent.	2f 25
912.	*Id.* id. id. de 0m 075 sur 0m 045, trois francs.	3 00
913.	*Id.* tête en cristal, à pans, forme ronde en plus, soixante-quinze centimes.	0 75
914.	*Id.* id. de forme ovale, un franc trente centimes.	1 30
915.	*Briquet à un nœud*, pour ferrures de portes légères, un franc cinquante centimes.	1 50
916.	*Briquet à deux nœuds*, de 0m 16 centimètres, deux francs cinquante centimes.	2 50
917.	*Broches à tête*, pour charpentier, jusqu'à 0m 11 de longueur, trois centimes.	0 03
918.	*Id.* id. de 0m 13 id. quatre centimes.	0 04
919.	*Id.* id. de 0m 16 id. six centimes.	0 06
920.	*Charnières ordinaires*, rectangulaires, renforcées, en feuillure de 0m 08 de longueur sur 0m 03 de feuilles, avec fortes vis, trente-cinq centimes.	0 35
921.	*Charnières ordinaires*, rectangulaires, renforcées, en feuillure de 0m 11 sur 0m 03, avec forte vis, quarante centimes.	0 40
922.	*Charnières ordinaires*, rectangulaires, renforcées, en feuillure de 0m 12 sur 0m 04, avec fortes vis, cinquante centimes.	0 50
923.	*Charnières ordinaires*, rectangulaires, renforcées, en feuillure de 0m 14 sur 0m 04, avec fortes vis, soixante centimes.	0 60
924.	*Charnières à broches profilées*, en plus des prix ci-dessus, cinq centimes.	0 05
925.	*Mêmes charnières* que ci-dessus, pour dépose et remplacement d'une semblable cassée : Même prix augmenté de vingt centimes.	0 20
926.	*Charnières à broche* et à briquets doubles en fer, pour comptoir, de 0m 04 à 0m 05 de feuille, trois francs.	3 00
927.	*Châssis à tabatière*, en fer, chéneau renversé, mesurés à l'intérieur avec pattes, crémaillères et mentonnets à pointes ou à scellement posés, de 0m 60 sur 0m 70, vingt-deux francs.	22 00
928.	*Châssis à tabatière* en fer, chéneau renversé, mesurés à l'intérieur avec pattes, crémaillères et mentonnets à pointes ou à scellement posés, de 0m 55 sur 0m 80, vingt-quatre francs.	24 00
929.	*Châssis à tabatière* en fer, à chéneaux renversés, mesurés à l'intérieur avec pattes, etc., de 0m 75 sur sur 1m 00, tout posés, vingt-sept francs.	27 00
930.	*Couplets noircis*, de 0m 11, cinquante centimes.	0 50
931.	*Couplets blanchis* et à broche, de 0m 14, soixante dix centimes.	0 70
932.	*Couplets* à goujon à 3 nœuds, de 0m 04 de largeur : La paire, deux francs	2 00

NUMÉROS des PRIX.	DÉSIGNATION DES OUVRAGES.	PRIX de L'UNITÉ.
933.	*Galet*, avec sa tige verticale et son chemin circulaire, entaillés, fixés avec 5 vis à tête fraisée, pour ferrure de portillon, suivant le modèle de la circulaire n° 65 (service général), quatre francs.	4f 00
934.	*Crémones*, jusqu'à 2m 00 inclusivement, en fer demi-rond et garniture en fonte, compris boîte à bouton, chapiteaux, bases, conduits et gâches posées avec vis, de 0m 016 de diamètre, quatre francs trente centimes.	4 30
935.	*Crémones*, jusqu'à 2m 00 inclusivement, en fer demi-rond et garniture en fonte, compris boîte à bouton, chapiteaux, bases, conduits et gâches posées avec vis, de 0m 018 de diamètre, quatre francs quatre-vingts centimes	4 80
936.	*Crémones*, jusqu'à 2m 00 inclusivement, en fer demi-rond et garniture en fonte, compris boîte à bouton, chapiteaux, bases, conduits et gâches posés avec vis, de 0m 02 de diamètre, cinq francs trente centimes	5 30
937.	Pour chaque décimètre, en plus de 2m 00 de longueur, compris conduits, il sera payé treize centimes.	0 13
938.	*Crochets ronds renforcés*, avec 2 tire-fonds, de 0m 12 à 0m 20 de longueur, quarante-cinq centimes.	0 45
939.	*Croissants de cheminée*, en fer simple à boules, compris scellement en plâtre : La paire, un franc soixante-dix centimes.	1 70
940.	*Croissants de cheminée*, en fer simple à boules, avec vases en cuivre doré (choisis), compris scellement en plâtre : La paire, deux francs cinquante centimes.	2 50
941.	*Croissants de cheminée*, en fer simple à boules, pour cheminée de salon avec vase en cuivre et patère, compris scellement en plâtre : La paire, trois francs cinquante centimes.	3 50
942.	*Entailles dans le bois*, de 0m 05 à 0m 07 de largeur : Le mètre linéaire, pour fers comptés au poids, trente-cinq centimes.	0 35
943.	*Équerres simples*, renforcées, de 0m 19 de branches sur 0m 03 d'épaisseur, compris entailles et vis, trente centimes.	0 30
944.	*Équerres simples*, renforcées, de 0m 22 de branches sur 0m 03 d'épaisseur, compris entailles et vis, trente-cinq centimes.	0 35
945.	*Équerres doubles*, renforcées, forgées, à congé dans les angles, entaillées, avec vis tournées, en fer de 0m 025 de largeur sur 0m 005 d'épaisseur : Le mètre linéaire, deux francs.	2 00
946.	*Équerres doubles*, renforcées, forgées, à congé dans les angles, entaillées, avec vis tournées, en fer de 0m 032 de largeur sur 0m 006 d'épaisseur, entaillées avec vis : Le mètre linéaire, deux francs cinquante centimes.	2 50
947.	*Équerres doubles*, renforcées, forgées, à congé dans les angles, entaillées, avec vis tournées, en fer de 0m 035 de largeur, sur 0m 007 d'épaisseur, entaillées avec vis : Le mètre linéaire, trois francs dix centimes.	3 10

NUMÉROS des PRIX.	DÉSIGNATION DES OUVRAGES.	PRIX de L'UNITÉ.
948.	*Fiches à broches*, ou à double boule, de 0m 12 de longueur, en fer, renforcées, polies, entaillées en feuillures, avec vis, quatre-vingt-dix centimes.	0f 90
949.	*Fiches à broches*, de 0m 14 de longueur, un franc dix centimes.	1 10
950.	*Id.* de 0m 16 id. un franc vingt-cinq centimes	1 25
951.	*Id.* de 0m 22 id. un franc quarante centimes.	1 40
952.	*Gâches*. Les prix des serrures ci-dessous comprennent la fourniture et la pose des gâches.	
953.	NOTA. Lorsque, par une disposition quelconque de la menuiserie, la gâche jointe à la serrure de la quincaillerie ne conviendra pas, une nouvelle gâche à façon sera fournie en plus et payée	Observation.
954.	*Gonds* pour paumelles ou petites pentures, soit à pointe, soit à scellement, de 0m 11 pour le remplacement, quarante centimes.	0 40
955.	*Gonds* pour paumelles ou petites pentures, soit à pointe, soit à scellement, de 0m 16 de longueur, soixante-dix centimes.	0 70
	NOTA. Le percement de trou dans la maçonnerie et le scellement en plâtre sont payés à part (maçonnerie nos 294 et suivants).	
956.	*Loquet de portillon* avec sa clef, sa boite en tôle, sa gâche et 6 vis, cinq francs	5 00
957.	*Loquet à bascule*, de façon, bouton olive, de 0m 45 à 0m 50 pour l'extérieur, deux francs	2 00
958.	*Loquets poucier*s, très-forts, pour écurie, hangar, etc., garnis de poignées à pointes, deux francs cinquante centimes	2 50
959.	*Loquets à bascule*, pour l'intérieur, de 0m 35 à 0m 40, un franc soixante-quinze centimes.	1 75
960.	*Loqueteau à pompe*, fort modèle, pour fermeture de contre-vent ou persienne, un franc.	1 00
961.	*Patte à pointe*, y compris pose sans scellement, de 0m 12 à 0m 14 de longueur, vingt centimes . .	0 20
962.	*Patte à pointe*, y compris pose sans scellement, de 0m 15 à 0m 18 vingt-cinq centimes	0 25
963.	*Patte à scellement*. Même prix que ci-dessus, augmenté du prix du scellement et des trous.	
964.	*Pattes fortes*, faites exprès de 0m 19 à 0m 22 de longueur, et 0m 04 de largeur, et de 0m 005 à 0m 007 d'épaisseur, cinquante centimes.	0 50
965.	*Pattes fortes*, faites exprès de 0m 25 de longueur à 0m 27 de largeur, soixante-quinze centimes. .	0 75
966.	*Paumelles doubles*, de 0m 11 de branches, à boules, renforcées, polies, entaillées, posées avec vis, quatre-vingt-dix centimes.	0 90
967.	*Paumelles doubles*, de 0m 15 de branches, à boules, renforcées, polies, entaillées, posées avec vis, un franc dix centimes.	1 10

NUMÉROS des PRIX.	DÉSIGNATION DES OUVRAGES.	PRIX de L'UNITÉ.
968.	*Paumelles doubles*, de 0m 19 de branches, à boules, renforcées, polies, entaillées, posées avec vis, un franc trente centimes.	1f 30
969.	*Paumelles doubles*, de 0m 22 de branches, à boules, renforcées, polies, entaillées, posées avec vis, un franc cinquante centimes.	1 50
970.	*Paumelles doubles*, de 0m 25 de branches, à boules, renforcées, polies, entaillées, posées avec vis, un franc quatre-vingts centimes.	1 80
971.	*Paumelles doubles*, de 0m 30 de branches, à boules, renforcées, polies, entaillées, posées avec vis, deux francs quarante centimes.	2 40
972.	*Paumelles doubles*, de 0m 35 de branches, à boules, renforcées, polies, entaillées, posées avec vis, trois francs.	3 00
973.	*Paumelles doubles*, de 0m 40 de branches, à boules, renforcées, polies, entaillées, posées avec vis, cinq francs.	5 00
974.	*Paumelles doubles*, de 0m 50 de branches, à boules, renforcées, polies, entaillées, posées avec vis, six francs cinquante centimes.	6 50
975.	Nota. Les paumelles ci-dessus qui seront à équerres doubles, seront payées les mêmes prix, augmentés de la valeur de l'équerre au mètre linéaire, suivant les prix 945-946-947, y compris en plus la longueur d'une branche de paumelle.	
976.	*Pilastre de rampe*, en fonte ornée, de 0m 07 de diamètre, pour rampe, compris tige, vis et pose (le plomb compté en plus), vingt francs.	20 00
977.	*Pivots* à équerre, à tête carrée ou à col de cygne, avec sa crapaudine, de 0m 25 de branches, deux francs quarante centimes.	2 40
978.	*Pivots* à équerre, à tête carrée ou à col de cygne, avec sa crapaudine, de 0m 30 de branches, deux francs quatre-vingt-dix centimes.	2 90
979.	*Pivots* à équerre, à tête carrée ou à col de cygne, avec sa crapaudine, de 0m 40 de branches, trois francs soixante centimes.	3 60
980.	Lorsque ces pivots auront le moufle en cuivre, leur prix sera augmenté de un franc.	1 00
981.	*Plomb* pour scellement, fourniture et emploi : Le kilogramme est estimé, quatre-vingts centimes.	0 80
982.	*Scellements* au soufre, jusqu'à 0m 05 sur 0m 05 de profondeur : La pièce, trente centimes.	0 30
983.	*Scellements* au soufre, au-dessus 0m 055 sur 0m 055 de profondeur, cinquante centimes.	0 50
984.	*Grain ou ferraille* de toute nature, pour scellement, fourniture et emploi, vingt centimes.	0 20
985.	*Poignée* olive et autres, sur platine, de 0m 14 à 0m 16 d'ouverture, quatre-vingts centimes.	0 80
986.	*Id.* id. de 0m 17 à 0m 22 d'ouverture, un franc.	1 00

NUMÉROS des PRIX.	DÉSIGNATION DES OUVRAGES.	PRIX de L'UNITÉ.
987.	*Poignée à talon* et à écrou, de 0m 11 à 0m 14, quatre-vingt-dix centimes.	0f 90
988.	*Poignée à pattes*, de 0m 16, quarante-cinq centimes.	0 45
989.	*Plaque en cuivre*, pour guichet de distribution de billets, posée avec vis, soixante-quinze centimes.	0 75
990.	*Plate-bande* d'assemblage de limon, d'escalier, en fer de roche, entaillée avec vis : Le kilogramme est estimé, un franc vingt centimes.	1 20
991.	*Rampes d'escalier*, en col de cygne, à pointes ornées de rosaces et astragales en cuivre tourné, et la main-courante en bandelettes ; barreaux de 0m 016 de diamètre et 1m 15 de hauteur, espacés de 0m 16 : Le mètre courant est estimé, dix francs.	10 00
992.	*Rampes d'escalier*, en col de cygne, à pointes ornées de rosaces et astragales en cuivre tourné, et la main-courante en bandelettes, à barreaux de 0m 018 de diamètre : Le mètre courant est estimé, douze francs.	12 00
	Rampes à pitons à vis, rosaces et chapiteaux à boule, en fonte, main-courante en bandelette :	
993.	*Barreaux*, de 0m 016 de diamètre, dix-huit francs.	18 00
994.	*Id.* de 0m 018 id. vingt francs.	20 00
995.	*Id.* de 0m 020 id. vingt-un francs quarante centimes.	21 40
996.	*Serrures de placards* ou de petits tiroirs, polies, avec canon, 1re qualité, entaillées, entrée, gâche et platine, de toutes fabriques, de 0m 07, deux francs.	2 00
997.	*Serrures de placards* ou de petits tiroirs, polies, avec canon, 1re qualité, entaillées, entrée, gâche et platine, de toutes fabriques, de 0m 08, deux francs vingt centimes.	2 20
998.	*Serrures de placards* ou de petits tiroirs, polies, avec canon, 1re qualité, entaillées, entrée, gâche et platine, de toutes fabriques, de 0m 095, deux francs cinquante centimes.	2 50
999.	*Serrures de placards* ou de petits tiroirs, polies, avec canon, 1re qualité, entaillées, entrée, gâche et platine, de toutes fabriques, de 0m 11, deux francs soixante-dix centimes.	2 70
1000.	*Serrure à pêne dormant*, bénarde, noircie, renforcée, pose, vis, entrée et gâche, de 0m 11, clef en chiffres, faux-fond en cuivre, double canon, trois francs.	3 00
1001.	*Serrure à pêne dormant*, bénarde, noircie, renforcée, pose, vis, entrée et gâche, de 0m 14, clef en chiffres, faux-fond en cuivre, double canon, trois francs.	3 00
1002.	*Serrure à pêne dormant*, bénarde, noircie, renforcée, pose, vis, entrée et gâche, de 0m 16, clef en chiffres, faux-fond en cuivre, double canon (pour extérieur), quatre francs.	4 00
1003.	*Serrure en long*, pour porte vitrée, avec béquille et bouton, vis, entrée et gâche, de 0m 11 sur 0m 06, quatre francs trente centimes.	4 30
1004.	*Serrure en long*, pour porte vitrée, avec béquille et bouton, vis, entrée et gâche, de 0m 11 sur 0m 14, cinq francs.	5 00
1005.	*Serrure à pêne dormant*, de sûreté, deux clefs, vis, entrée et gâche, bon poussé, garniture blanchie, brasée, broche à platine, sur commande écrite, onze francs.	11 00

NUMÉROS des PRIX.	DÉSIGNATION DES OUVRAGES.	PRIX de L'UNITÉ.
1006.	*Serrure à pêne dormant*, de sûreté, deux clefs, vis, entrée et gâche, bon poussé, garniture blanchie, brasée, broche à platine, sur commande écrite, de 0m 16, quatorze francs	14f 00
1007.	*Bec-de-cane*, de 0m 11, demi-tour, simple, avec double bouton, de 0m 05 sur 0m 03, avec gâches, pour portes de cabinets, deux francs cinquante centimes	2 50
	Serrure pêne dormant, demi-tour, à foliot, pose, vis, entrée et gâche, les boutons doubles payés à part :	
1008.	1re qualité, de 0m 14 pour portes intérieures, six francs cinquante centimes	6 50
1009.	Id. de 0m 16 pour portes extérieures, sept francs cinquante centimes	7 50
1010.	*Serrure de sûreté*, à tour et demi, bon poussé, demi-cloison, pose, vis, gâche et entrée, garniture blanchie, en 1re qualité de toutes fabriques, de 0m 14, pour portes extérieures, dix francs cinquante centimes	10 50
1011.	*Serrure de sûreté*, pêne dormant et demi-tour, à foliot, vis, entrée et gâche, 1re qualité, de 0m 14, douze francs	12 00
1012.	*Serrure de sûreté*, pêne dormant et demi-tour, à foliot, vis, entrée et gâche, 1re qualité, de 0m 16, treize francs	13 00
1013.	*Targettes renforcées*, à ressort et platine, avec bouton tourné, crampon ou gâche, de 0m 03, soixante centimes	0 60
1014.	*Targettes renforcées*, à ressort et platine, avec bouton tourné, crampon ou gâche, de 0m 04 à 0m 05, quatre-vingt-dix centimes	0 90
1015.	*Targettes renforcées*, à ressort et platine, avec bouton tourné, crampon ou gâche, de 0m 06 à 0m 07, un franc vingt centimes	1 20
1016.	*Targettes renforcées*, à ressort et platine, avec bouton tourné, crampon ou gâche, celles à valet en plus, trente centimes	0 30
1017.	*Vasistas*, en fer, rainé de 0m 009 à 0m 011 carrés, traverses assemblées, montées avec 2 vis, de 2m 00 développés, compris deux charnières en fer, de 0m 06, loqueteau à bascule en cuivre et mentonnet posés en place : La pièce, sept francs soixante-dix centimes	7 70
1018.	*Vasistas*, plus-value pour un loqueteau à pompe, à boule, quarante centimes	0 40
1019.	*Id.* plus-value pour les vasistas en fer, de 0m 0115 à 0m 012, cinquante centimes	0 50
1020.	*Id.* plus-value pour les vasistas en fer, de 0m 0125 à 0m 014, un franc	1 00
1021.	*Id.* plus-value pour les vasistas, de 0m 0145 à 0m 018, deux francs	2 00
1022.	Pour chaque décimètre de fer, en plus ou en moins, de 2m 00 développés, en fer de 0m 009 à 0m 012, les prix seront augmentés ou diminués de quinze centimes	0 15
1023.	Et en fer de 0m 0125 à 0m 014, les prix seront augmentés ou diminués de dix-huit centimes	0 18

NUMÉROS des PRIX.	DÉSIGNATION DES OUVRAGES.	PRIX de L'UNITÉ.
1024.	Et en fer de 0m 014 à 0m 018 les prix seront augmentés ou diminués de vingt-huit centimes	0f 28
1025.	*Verrous à ressort*, en fer, quart placard, de 0m 16, y compris gâche, un franc	1 00
1026.	*Id.* id. de 0m 20 id. un franc vingt centimes.	1 20
1027.	*Verrous à ressort*, en fer, demi-placard, de 0m 25, y compris gâche, un franc trente centimes.	1 30
1028.	*Id.* id. de 0m 30, id. un franc cinquante centimes.	1 50
1029.	*Id.* id. de 0m 40, id. deux francs.	2 00
1030.	*Verrous à ressort*, en fer, trois quarts placard, de 0m 65, y compris gâche, deux francs soixante-dix centimes	2 70
	Nota. Les gâches, crapaudines de verroux, seront payées à part, aux prix des gâches.	
1031.	*Verrou en cuivre*, pour guichet de distribution des billets, deux francs.	2 00
1032.	*Verrou entaillé posé en feuillure*, de 0m 20 de longueur, est estimé, y compris gâche, quatre francs.	4 00
	§ 2. OUVAGES EN MATÉRIAUX VIEUX.	
	SERRURES RÉPARÉES.	
1033.	*Pour chaque*, dépose et repose d'une serrure de portes d'intérieur ou d'extérieur, trente centimes.	0 30
1034.	*Plus*, pour un nettoyage, rajusté les barbes, resserré les entrées, cinquante centimes.	0 50
1035.	*Plus*, pour chaque fourniture de vis taraudée, vingt centimes.	0 20
1036.	*Plus*, pour chaque fourniture de ressort à boudin, canon, foliot, picolet, équerres, etc., un franc.	1 00
1037.	*Mêmes travaux*, pour une serrure de placard ou de tiroir : Les prix seront diminués de moitié.	Observation.
1038.	*Clef* à embase, de serrures de placard ou de petit tiroir ordinaire, un franc vingt-cinq centimes. .	1 25
1039.	*Clef* bénarde ou forée de serrure de porte d'intérieur, un franc cinquante centimes.	1 50
1040.	*Clef* forée, en chiffres, pour serrure de portes d'extérieur, deux francs	2 00
1041.	*Clef forée de sûreté*, forte, en chiffres, pour garniture tournée, polie, trois francs.	3 00
1042.	*Gâches*, à pattes renforcées, pour verrous et targettes, de 0m 025 de largeur, à vis et à pointes, trente centimes.	0 30
1043.	*Gâches*, à pattes renforcées, pour verrous et targettes, de 0m 035 de largeur, à vis et à pointes, quarante centimes.	0 40

NUMÉROS des PRIX.	DÉSIGNATION DES OUVRAGES.	PRIX de L'UNITÉ.
1044.	*Gâches encloisonnées*, à baguette, pour les verrous et targettes ordinaires et serrures tour et demi, soixante centimes.	0f 60
1045.	*Gâches encloisonnées*, à rouleau ordinaire, tour et demi, pêne dormant, un franc quarante centimes.	1 40
1046.	*Gâches, à patte renforcée*, à rouleau et moulures en cuivre, pour serrures de sûreté à deux pênes, un franc quatre-vingts centimes.	1 80

NUMÉROS des PRIX.	DÉSIGNATION DES OUVRAGES.	PRIX DE L'UNITÉ. NON COMPRIS POSE.	PRIX DE L'UNITÉ. COMPRIS POSE.
	Pour les réparations :		
1047.	*Vis à bois*, à tête plate, de 0m 02	0f 005	0f 015
1048.	*Id.* id. de 0m 027.	0 010	0 025
1049.	*Id.* id. de 0m 034 à 0m 054	0 020	0 050
1050.	*Id.* id. de 0m 06 à 0m 08	0 05	0 12
1051.	*Id.* id. de 0m 085 à 0m 11.	0 10	0 20
1052.	*Vis à bois*, dite tire-fond, à tête carrée, de 0m 06 à 0m 09.	0 10	0 20
1053.	*Id.* id. id. de 0m 10 à 0m 11.	0 20	0 40
1054.	*Id.* id. id. de 0m 115 à 0m 15.	0 25	0 45
	NOTA. Au-dessus de 0m 15 de longueur, les tire-fonds seront payés aux prix des boulons.		

§ 3. GRILLAGES.

1° GRILLAGES EN FIL DE FER, *pour croisées, châssis, etc.*

NUMÉROS des PRIX.	DÉSIGNATION DES OUVRAGES.	PRIX de L'UNITÉ.
	Le mètre superficiel est estimé, savoir :	
1055.	*En mailles*, de 0m 054, fil de fer n° 10, non compris châssis en fer, trois francs	3f 00
1056.	*Id.* de 0m 04, n° 9, id. trois francs vingt centimes. . .	3 20
1057.	*Id.* de 0m 034, n° 8, id. trois francs cinquante centimes.	3 50
1058.	*Id.* de 0m 027, n° 7, id. trois francs quatre-vingts centim.	3 80
1059.	*Id.* de 0m 020, n° 6, id. quatre francs	4 00
1060.	*En mailles*, de 0m 014, fil de fer, n° 5, id. quatre francs cinquante centimes.	4 50

NUMÉROS des PRIX.	DÉSIGNATION DES OUVRAGES.	PRIX de L'UNITÉ.
	2° Grillages en fil de laiton.	
1061.	*En mailles*, de 0m 018, fil de laiton, n° 8, non compris châssis en fer ou en cuivre, six francs . . .	6f 00
1062.	*Id.* de 0m 014, n° 7, id. sept francs. . .	7 00
1063.	*Id.* de 0m 011, n° 6, id. huit francs . .	8 00
1064.	*Id.* de 0m 009. n° 5, id. neuf francs. . . .	9 00
1065.	*Id.* de 0m 007, n° 4, id. dix francs. . . .	10 00
1066.	Les châssis de grillage seront payés au poids à raison de un franc vingt centimes le kilogramme (n° 890).	1 20

CHAPITRE X.

PEINTURE.

Article 1er. — *Prix élémentaires.*

JOURNÉES.

1067.	*Peintre, colleur de papier ou vitrier*, deux francs soixante-quinze centimes.	2 75
1068.	*Aide ou apprenti*, deux francs vingt centimes.	2 20

Article 2. — *Prix des ouvrages.*

§ 1. OUVRAGES EN MATÉRIAUX NEUFS.

1° travaux préparatoires.

1069.	*Égrenage*, trois centimes	0 03
1070.	*Enduits* au mastic à l'huile ordinaire, sous toutes espèces de peinture, sur parties unies ou moulurées, trente centimes.	0 30
1071.	*Enduits* très-soignés, par ordre exprès et écrit, compris ponçage, quatre-vingts centimes.	0 80
1072.	*Ponçage*, admissible seulement pour travaux soignés, sur ordre écrit, dix centimes.	0 10

NUMÉROS des PRIX.	DÉSIGNATION DES OUVRAGES.	PRIX de L'UNITÉ.
	2° OUVRAGES A LA COLLE, AU MÈTRE SUPERFICIEL, *y compris les travaux préparatoires.*	
1073.	*Blanc de plafond* à deux couches, y compris travaux préparatoires et encollage, vingt-cinq centimes .	0f 25
1074.	*Blanc de plafond* à trois couches, y compris travaux préparatoires et encollage, trente centimes . .	0 30
1075.	*Détrempe* à deux couches, soignées, en blanc mat ou teinté, compris travaux préparatoires et encollage, trente centimes.	0 30
1076.	*Détrempe* à trois couches, la dernière teinte soignée, en blanc mat ou teintée, quarante centimes. .	0 40
	3° OUVRAGES A L'HUILE, AU MÈTRE SUPERFICIEL, *y compris les travaux préparatoires.*	
1077.	*Peinture à l'huile*, pour travaux ordinaires, en grandes parties planes ou moulurées, développées, compris grattage, rebouchage et tous travaux préparatoires, à une couche, cinquante centimes	0 50
1078.	*Peinture à l'huile*, pour travaux ordinaires, en grandes parties planes ou moulurées, développées, compris grattage, rebouchage et tous travaux préparatoires, à deux couches, quatre-vingt centimes. . .	0 80
1079.	*Peinture à l'huile*, pour travaux ordinaires, en grandes parties planes ou moulurées, développées, compris grattage, rebouchage et tous travaux préparatoires, à trois couches, un franc.	1 00
1080.	*Peinture à l'huile* à deux tons : Le mètre superficiel sera augmenté de cinq centimes.	0 05
1081.	*Peinture à l'huile*, pour travaux très-soignés, en blanc pur ou de n'importe quel ton, en plus pour chaque couche, sur ordre écrit, dix centimes.	0 10
1082.	*Peinture à l'huile* au minium ou oxide de zinc, plus-value sur les peintures ci-dessus, par couche, six centimes.	0 06
1083.	*Vernis gras*, pour décors en réparation, une couche, quarante centimes.	0 40
1084.	*Vernis gras*, pour décors en réparation, deux couches, soixante centimes.	0 60
1085.	*Parquets et carreaux*, mis en couleur, siccatif brillant, deux couches, cinquante centimes.	0 50
1086.	*Id.* encaustiqués, frottés, teintés ou non, dix centimes.	0 10
1087.	*Id.* une couche de colle, quinze centimes.	0 15
1088.	*Parquets et carreaux*, une couche d'huile, quarante-cinq centimes.	0 45

NUMÉROS des PRIX.	DÉSIGNATION DES OUVRAGES.	PRIX de L'UNITÉ.
1089.	*Décors* sur fond à l'huile, trois couches et une couche de vernis gras, compris ponçage, bois ou marbres quelconques, deux francs trente centimes.	2f 30
1090.	*Décors* sur fond à l'huile, pour la troisième couche et le décor seulement, un franc trente centimes.	1 30
1091.	Les peintures sur parties vitrées seront comptées pour moitié de leur surface.	Observation.
1092.	Sauf les lambris à petits ou à grands cadres, qui seront comptés suivant leur surface plane, sans développement de moulures, toutes les autres menuiseries, comme moulures, barrières à clair-voie, etc., seront comptées suivant leurs surfaces développées.	Observation.
1093.	Chaque parement de persiennes sera compté pour une fois et demie de sa surface.	Observation.
1094.	La peinture des grilles en fer sera payée au mètre courant.	Observation.
1095.	*Goudronnage* à une couche, composé de deux parties en poids de goudron de Bastennes, une partie de goudron du Nord et une partie de Coaltar : Le mètre superficiel est estimé, vingt-cinq centimes.	0 25
1096.	*Même goudronnage* à deux couches : Le mètre carré est estimé, quarante centimes.	0 40
	4° OUVRAGES AU MÈTRE LINÉAIRE.	
1097.	*Plinthes*, de 0m 09 à 0m 15 au plus, compris tous travaux préparatoires à l'huile, une couche, huit centimes.	0 08
1098.	*Plinthes*, de 0m 09 à 0m 15 au plus, compris tous travaux préparatoires à l'huile, deux couches, treize centimes	0 13
1099.	*Plinthes*, de 0m 09 à 0m 15 au plus, compris tous travaux préparatoires à l'huile, trois couches, dix-huit centimes.	0 18
1100.	*Plinthes*, de 0m 09 à 0m 15 au plus, compris tous travaux préparatoires à l'huile, vernis en plus, quatre centimes.	0 04
1101.	*Plinthes*, de 0m 09 à 0m 15 au plus, compris tous travaux préparatoires sur fond à l'huile, à une couche et vernis en décor, marbres en bois, trente-trois centimes	0 33
1102.	*Plinthes*, de 0m 09 à 0m 15 au plus, compris tous travaux préparatoires à l'huile, à deux couches, trente-huit centimes.	0 38
1103.	*Plinthes*, de 0m 09 à 0m 15 au plus, compris tous travaux préparatoires à l'huile, à trois couches, quarante-deux centimes.	0 42
1104.	Au-dessus de 0m 15 de hauteur, les plinthes seront payées au mètre superficiel.	
1105.	*Moulures* rechampies en blanc d'argent, une couche, cinq centimes.	0 05
1106.	*Id.* id. deux couches, dix centimes.	0 10
1107.	*Filets* simples de moins de 0m 05 de largeur, cinq centimes.	0 05

NUMÉROS des PRIX.	DÉSIGNATION DES OUVRAGES.	PRIX de L'UNITÉ.
1108.	*Filets* repiqués de plus de 0m 05 à 0m 09 de largeur, dix centimes	0f 10
1109.	*Galon et filet* étrusque, à l'huile, large, quinze centimes.	0 15
1110.	*Galon et filet* étrusque, à l'huile, petit, dix centimes.	0 10
1111.	*Barreaux*, jusques et y compris 0m 14 de développement, au-dessus, en surface, compris travaux préparatoires gris à l'huile ou chocolat, amaranthe, à deux couches, dix centimes.	0 10
1112.	*Barreaux*, jusques et y compris 0m 14 de développement, au-dessus, en surface, compris travaux préparatoires gris à l'huile ou chocolat, amaranthe, à trois couches, quatorze centimes.	0 14
1113.	*Barreaux*, jusques et y compris 0m 14 de développement, au-dessus, en surface, compris travaux préparatoires gris à l'huile ou chocolat, amaranthe, au minium, en plus par couche, un centime. . . .	0 01
1114.	*Barreaux*, jusques et y compris 0m 14 de développement, au-dessus, en surface, compris travaux préparatoires gris à l'huile ou chocolat, amaranthe, noirs ou vernis, compris couche de fond, quatorze centimes	0 14
1115.	*Barreaux*, jusques et y compris 0m 14 de développement, au-dessus, en surface, compris travaux préparatoires gris à l'huile ou chocolat, amaranthe, bronze à l'effet, trente centimes	0 30
	3° OUVRAGES A LA PIÈCE.	
1116.	*Pièces de ferrures* à l'huile, compris travaux préparatoires, unies, quelle que soit la couleur, à deux couches, quatre centimes.	0 04
1117.	*Pièces de ferrures* à l'huile, compris travaux préparatoires, unies, quelle que soit la couleur, à trois couches, cinq centimes.	0 05
1118.	*Pièces de ferrures* à l'huile, compris travaux préparatoires, unies, quelle que soit la couleur, en décor, bronze ou bois, trois couches, huit centimes.	0 08
1119.	*Lettres* de toutes couleurs, à deux couches, en relief, le centimètre de hauteur, ombrées et éclairées et repiquées ou relevées d'épaisseur, deux centimes cinq millimes	0 025
	§ 2. OUVRAGES EN MATÉRIAUX VIEUX.	
1120.	*Epoussetage* avant la peinture : Le mètre superficiel est estimé, dix centimes.	0 10
1121.	*Grattage et brûlage* à l'essence d'anciennes peintures sur menuiseries moulurées, compris lessivage et dégagement de moulures : Le mètre superficiel est estimé, trente centimes.	0 30
1122.	*Grattage et brûlage* à l'essence d'anciennes peintures sur menuiseries moulurées, compris lessivage et dégagement de moulures, sur mur, plafond ou bois uni, dix centimes.	0 10
1123.	*Grattage* d'anciennes détrempes vernies sur murs, dix centimes.	0 10

NUMÉROS des PRIX.	DÉSIGNATION DES OUVRAGES.	PRIX de L'UNITÉ.
1124.	*Grattage* d'anciennes détrempes sur boiseries, avec dégagement de moulures au petit fer : Le mètre superficiel, vingt centimes	0f 20
1125.	*Lavage à l'eau :* Le mètre superficiel est estimé, quatre centimes	0 04
1126.	*Rebouchage à la colle :* Le mètre superficiel est estimé, cinq centimes	0 05
1127.	*Rebouchage à l'huile :* Le mètre superficiel est estimé, huit centimes	0 08
1128.	*Rebouchage* au mastic, teinté avec blanc de céruse, pour travaux très-soignés, dix centimes	0 10
1129.	*Lessivage* à l'eau seconde, huit centimes	0 08
1130.	La dorure sera payée sur facture, suivant la commande écrite	Observation.
1131.	Les échafaudages, quelle que soit la difficulté de main d'œuvre de peinture, resteront toujours à la charge de l'entrepreneur	Observation.

CHAPITRE XI.

TENTURE.

Article premier. — *Prix élémentaires.*

JOURNÉES.

1132.	*Colleur*, trois francs	3 00
1133.	*Aide ou apprenti*, deux francs	2 00

Article 2. — *Prix des ouvrages.*

§ 1. OUVRAGES EN MATÉRIAUX NEUFS.

1° OUVRAGES AU MÈTRE SUPERFICIEL.

1134.	*Papier gris*, sur murs, toile ou plafond, compris bordage, estimé, quinze centimes	0 15
1135.	*Papier bleu*, dans les armoires, vingt centimes	0 20
1136.	*Papier métallique*, fixé sur les murs par trois couches de peinture au tampon, avec grattage et enduit préparatoire, trois francs	3 00

NUMÉROS des PRIX.	DÉSIGNATION DES OUVRAGES.	PRIX de L'UNITÉ.
1137.	*Toile neuve*, compris marouflage, sans y ajouter le développement des remplis, soixante centimes. .	0f 60
1138.	*Collage* de papier ordinaire, carré, dix centimes.	0 10
1139.	*Collage* et fourniture de papier à cinquante centimes le rouleau : Le mètre superficiel est estimé, quinze centimes.	0 15
1140.	*Collage* et fourniture de papier à soixante-quinze centimes le rouleau : Le mètre superficiel est estimé, trente centimes.	0 30
1141.	*Collage* et fourniture de papier à un franc le rouleau : Le mètre superficiel est estimé, quarante centimes.	0 40
1142.	*Collage* et fourniture de papier à un franc cinquante centimes le rouleau : Le mètre superficiel est estimé, cinquante centimes.	0 50
1143.	*Collage* et fourniture de papier à un franc soixante-quinze centimes le rouleau : Le mètre superficiel est estimé, soixante centimes	0 60
1144.	*Collage* de papier uni ou satiné, sans fourniture : Le mètre superficiel est estimé, quatorze centimes.	0 14
1145.	*Collage* et fourniture de papier à deux francs le rouleau : Le mètre superficiel est estimé, soixante-quinze centimes.	0 75
1146.	*Collage* et fourniture de papier à deux francs vingt-cinq centimes le rouleau : Le mètre superficiel est estimé, quatre-vingts centimes.	0 80
1147.	*Collage* et fourniture de papier à deux francs cinquante centimes le rouleau : Le mètre superficiel est estimé, quatre-vingt-cinq centimes.	0 85
1148.	*Collage* et fourniture de papier à deux francs soixante-quinze centimes le rouleau : Le mètre superficiel est estimé, quatre-vingt-quinze centimes.	0 95
1149.	*Collage* de papier grand-raisin, sans fourniture : Le mètre superficiel est estimé, seize centimes.	0 16
1150.	*Collage* et fourniture de papier à trois francs le rouleau : Le mètre superficiel est estimé, un franc.	1 00
1151.	*Collage* et fourniture de papier à trois francs cinquante centimes le rouleau : Le mètre superficiel, est estimé, un franc quinze centimes.	1 15
1152.	*Collage* de papier velouté ou doré, sans fourniture : Le mètre superficiel est estimé, vingt centimes.	0 20
1153.	*Collage* et fourniture de papier à quatre francs le rouleau : Le mètre superficiel est estimé, un franc trente-cinq centimes.	1 35
1154.	*Collage* et fourniture de papier à quatre francs cinquante centimes le rouleau : Le mètre superficiel est estimé, un franc cinquante centimes.	1 50

NUMÉROS des PRIX.	DÉSIGNATION DES OUVRAGES.	PRIX de L'UNITÉ.
1155.	*Collage* et fourniture de papier à cinq francs le rouleau : Le mètre superficiel est estimé, un franc soixante centimes	1f 60
	2° OUVRAGES AU MÈTRE COURANT.	
1156.	*Collage* de bordure en papier mat : Le mètre courant est estimé, trois centimes.	0 03
1157.	*Collage* et fourniture de même bordure : Le mètre courant est estimé, douze centimes.	0 12
1158.	*Collage* et découpage de bordure en papier satiné : Le mètre courant est estimé, quatre centimes.	0 04
1159.	*Collage*, découpage et fourniture de même bordure : Le mètre courant est estimé, seize centimes.	0 16
1160.	*Collage* et découpage de bordure dentelée et satinée : Le mètre courant est estimé, cinq centimes.	0 05
1161.	*Collage*, découpage et fourniture de même bordure : Le mètre courant est estimé, vingt centimes.	0 20
1162.	*Collage* et découpage de bordure dentelée, veloutée et dorée : Le mètre courant est estimé, six centimes.	0 06
1163.	*Collage*, découpage et fourniture de même bordure : Le mètre courant est estimé, vingt-cinq centimes.	0 25
1164.	*Collage* et fourniture de papier et toile pour devant de cheminée : La pièce en papier mat, trois francs.	3 00
1165.	*Collage* et fourniture de papier et toile pour devant de cheminée : La pièce en papier satiné, quatre francs.	4 00
1166.	*Bandes de toile ou calicot*, collées sur joints de bâtis et huisseries : Le mètre courant est estimé, dix centimes.	0 10
1167.	*Bandes de zinc*, clouées sur les battants de portes, arasées sous tenture : Le mètre courant est estimé, trente-cinq centimes.	0 35
1168.	*Collage et fourniture* de papier de tenture et raccords par petites parties de moins de 2 rouleaux, Les prix ci-dessus seront augmentés de un dixième.	$\frac{1}{10}$
	§ 2. OUVRAGES EN MATÉRIAUX VIEUX.	
1169.	*Grattage et arrachage* d'anciens papiers unis : Le mètre superficiel est estimé, deux centimes.	0 02

NUMÉROS des PRIX.	DÉSIGNATION DES OUVRAGES.	PRIX de L'UNITÉ.
1170.	*Grattage et arrachage* d'anciens papiers veloutés ou vernis : Le mètre superficiel est estimé, trois centimes.	0f 03
1171.	*Toile vieille*, détendue, retendue et clouée : Le mètre superficiel est estimé, vingt-cinq centimes.	0 25
1172.	*Toile de tenture* posée sans fourniture : Le mètre superficiel, y compris clous, est estimé, dix centimes	0 10
1173.	*Collage*, sans fourniture, d'un devant de cheminée : La pièce est estimée, *cinquante centimes*	0 50
1174.	*Bandes de zinc* déclouées et reclouées sur battants de portes : Le mètre linéaire est estimé, dix centimes.	0 10

CHAPITRE XII.

VITRERIE.

ARTICLE PREMIER. — *Prix élémentaires.*

JOURNÉES.

1175.	*Vitrier* compagnon, trois francs	3 00

ARTICLE 2. — *Prix des ouvrages.*

§ 1. OUVRAGES EN MATÉRIAUX NEUFS.

1176.	*Rive* de joints vifs, à l'émeri : Le mètre linéaire est estimé, soixante centimes.	0 60
1177.	*Dépolissage* de verre au grès : Le mètre superficiel est estimé, deux francs cinquante centimes.	2 50
1178.	*Dépolissage de verre en peinture* à l'huile : Le mètre superficiel est estimé, soixante centimes.	0 60
1179.	*Liens en plomb*, pour retenir les verres de lanternes des combles : La pièce est estimée, cinq centimes.	0 05
1180.	*Masticage* de croisées : Le mètre linéaire en vieux, six centimes.	0 06
1181.	*Masticage* de châssis de toit, lanterne de comble : Le mètre linéaire est estimé, dix centimes.	0 10
1182.	*Verre simple*, demi-blanc de deuxième choix, jusqu'à 0m 002 d'épaisseur et jusqu'à 1m 40 à l'équerre, pour croisées en place, travaux neufs ou entretien : Le mètre superficiel, déduction faite du bois, est estimé, quatre francs cinquante centimes .	4 50

NUMÉROS des PRIX.	DÉSIGNATION DES OUVRAGES.	PRIX de L'UNITÉ.
1183.	*Verre demi-double*, demi-blanc de deuxième choix, de 0m 0025 d'épaisseur au moins, jusqu'à 1m 40 à l'équerre pour croisées, travaux neufs ou entretien, en place : Le mètre superficiel, déduction faite du bois, est estimé, six francs cinquante centimes . .	6f 50
1184.	*Verre double*, demi-blanc de deuxième choix, de 0m 003 d'épaisseur au moins, jusqu'à 1m 40 à l'équerre, pour croisées, travaux neufs ou entretien, en place : Le mètre superficiel, déduction faite du bois, est estimé, huit francs trente centimes	8 30
1185.	*Verre double*, pour châssis de comble : Le mètre superficiel est estimé, neuf francs.	9 00
1186.	*Verre double*, pour lanternes en fer, avec contre-masticage, compris échafaudage en fer : Le mètre superficiel est estimé, dix francs trente centimes.	10 30
1187.	*Plus-value*, pour verre de premier choix, sur ordre écrit, pour verre simple, un franc trente centimes.	1 30
1188.	*Id.* pour verre demi-double, deux francs.	2 00
1189.	*Id.* pour verre double, deux francs quatre-vingts centimes	2 80
	NOTA. Les verres hors mesure seront payés à la pièce, d'après la série de la ville de Paris de 1861. .	Observation.
1190.	*Verre cannelé*, compris masticage et pose : Le mètre superficiel est estimé, dix francs.	10 00
1191.	*Verre mousseline*, à dessus transparent : Le mètre superficiel est estimé, seize francs.	16 00
1192.	*Verre mousseline*, mat sur mat : Le mètre superficiel est estimé, vingt-deux francs.	22 00
1193.	La vitrerie sera mesurée en place et par carreau et non par partie de menuiserie.	Observation.
1194.	Les verres en partie courbe seront inscrits dans le plus petit rectangle.	Observation.

§ 2. OUVRAGES EN MATÉRIAUX VIEUX.

NUMÉROS des PRIX.	DÉSIGNATION DES OUVRAGES.	PRIX de L'UNITÉ.
1195.	*Frottage et lavage* de carreaux vieux : Le mètre superficiel est estimé, six centimes.	0 06
1196.	*Dépose* d'une pièce de verre de toutes dimensions, conservée, en partie droite : La pièce est estimée, dix centimes.	0 10
1197.	*Dépose* d'une pièce de verre de toutes dimensions, conservée, en partie courbe : La pièce est estimée, quinze centimes.	0 15
1198.	*Repose* d'une pièce de verre de toutes dimensions, conservée, en partie droite : La pièce, compris mastic et recoupement, est estimée, vingt centimes.	0 20

NUMÉROS des PRIX.	DÉSIGNATION DES OUVRAGES.	PRIX de L'UNITÉ.
1199.	*Repose* d'une pièce de verre de toutes dimensions, conservée, en partie courbe, compris mastic et recoupement : La pièce est estimée, vingt-cinq centimes.	0f 25
1200.	*Remasticage* sur vieux vitrage : Le mètre linéaire, y compris dégradation des vieilles bandes, est estimé, sept centimes. . .	0 07
1201.	*Mastic* non employé : Le kilogramme est estimé, quatre-vingts centimes.	0 80

CHAPITRE XIII.

TAPISSERIE, MOBILIER ET MIROITERIE.

Article premier. — *Tapisserie et mobilier.*

1202. Tous les ouvrages de tapisserie et de mobilier sont réservés pour être exécutés en régie par des fournisseurs spéciaux, désignés par le directeur ou l'ingénieur, chef de service.

Article 2. — *Miroiterie.*

§ 1er. OUVRAGES EN MATÉRIAUX NEUFS.

		GLACE POSÉE	
		SANS CADRE.	AVEC CADRE DORÉ OU EN VIEUX CHÊNE.
1203.	Fourniture et pose de glace, de 0m 60 sur 0m 90.	40f 00	60f 00
1204.	*Id.* id. de 0m 70 sur 1m 00.	50 00	75 00
1205.	*Id.* id. de 0m 70 sur 1m 20.	60 00	85 00
1206.	*Id.* id. de 0m 80 sur 1m 20.	70 00	100 00
1207.	*Id.* id. de 0m 80 sur 1m 30.	80 00	120 00
1208.	*Id.* id. de 0m 90 sur 1m 40.	90 00	130 00
1209.	*Id.* id. de 1m 00 sur 1m 50.	100 00	150 00

§ 2. OUVRAGES EN MATÉRIAUX VIEUX.

		PRIX de L'UNITÉ.
1210.	*Dépose* d'une glace de 0m 60 à 0m 70 sur 1m 20, transport et rangement, dans un rayon de 100 mètres, estimée, deux francs.	2f 00
1211.	*Dépose* d'une glace, de 0m 75 à 0m 85 sur 1m 30, estimée, trois francs.	3 00
1212.	*Dépose* d'une glace de 0m 85 à 1m 10 sur 1m 50, estimée, quatre francs.	4 00

NUMÉROS des PRIX.	DÉSIGNATION DES OUVRAGES.	PRIX de L'UNITÉ.
	CHAPITRE XIV.	
	PAVAGES, BORDURES POUR TROTTOIRS ET EMPIERREMENTS.	
	ARTICLE 1er. — *Prix élémentaires.*	
	§ 1er. JOURNÉES.	
1213.	*Paveur ou dresseur*, compagnon, trois francs.	3f 00
1214.	*Garçon servant*, deux francs.	2 00
1215.	*Casseur de pierre*, deux francs cinquante centimes.	2 50
1216.	*Rouleur*, deux francs vingt-cinq centimes.	2 25
	§ 2. MATÉRIAUX.	
1217.	*Pavés de grès* des carrières de Sargé, Coulaines, Rouessé-Vassé, Sainte-Suzanne, Sacé, Le Perpre, La Gressière et Saint-Germain, dit d'échantillon, de 0m 21 à 0m 22 de queue sur 0m 22 à 0m 22 de tête, rendus à pied d'œuvre (20 pavés par mètre superficiel) : Le mille est estimé, six cents francs.	600 00
1218.	*Mêmes pavés* en granit : Le mille est estimé, six cent cinquante francs	650 00
1219.	*Mêmes pavés* en grès d'Erquy ou du Cap Frehel, ou des carrières porphyriques de la Croisille, de Servon ou de Couëme : Le mille est estimé, sept cents francs.	700 00
1220.	*Pavés de grès* des carrières de Sargé, Coulaines, Rouessé-Vassé, Sainte-Suzanne, Le Perpre, Sacé, La Gressière et Saint-Germain, de deuxième classe, de 0m 18 à 0m 20 de queue sur 0m 20 à 0m 20 de tête (25 pavés par mètre superficiel) : Le mille est estimé, quatre cent cinquante francs.	450 00
1221.	*Mêmes pavés* en granit : Le mille est estimé, quatre cent quatre-vingts francs	480 00
1222.	*Mêmes pavés* de grès d'Erquy, du cap Frehel, ou des carrières porphyriques de La Croisille, de Servon ou de Couëme : Le mille est estimé, cinq cent quarante francs.	540 00
1223.	*Pavés de grès* des carrières de Sargé, Coulaines, Rouessé-Vassé, Sainte-Suzanne, Le Perpre, Sacé, La Gressière et Saint-Germain, dits de troisième classe, de 0m 17 à 0m 19 de queue sur 0m 16 à 0m 18 de tête (28 à 30 pavés par mètre superficiel :) Le mille est estimé, deux cent soixante-dix francs.	270 00

NUMÉROS des PRIX.	DÉSIGNATION DES OUVRAGES.	PRIX de L'UNITÉ.
1224.	*Mêmes pavés* en granit : Le mille est estimé, *trois cents* francs.	300f 00
1225.	*Mêmes pavés* en grès d'Erquy, du cap Fréhel, ou des carrières porphyriques : Le mille est estimé, quatre cent cinquante francs.	450 00
1226.	*Pavés de grès* des carrières de Sargé, Coulaines, Rouessé-Vassé, Sainte-Suzanne, Le Perpre, Sacé, La Gressière et Saint-Germain, de quatrième classe, *de 0m 16 à 0m 18 de queue sur 0m 14 à 0m 16 de* tête (34 pavés par mètre superficiel) : Le mille est estimé, deux cents francs	200 00
1227.	*Mêmes pavés en granit :* Le mille est estimé, deux cent trente francs.	230 00
1228.	*Pavés de grès*, en grès d'Erquy, du cap Frehel ou porphyrique : Le mille est estimé, trois cent cinquante francs.	350 00
1229.	*Pavés de grès* ordinaire des carrières de Sargé, Coulaines, Rouessé-Vassé, Sainte-Suzanne, Sacé, La Gressière et Saint-Germain, de cinquième classe, dits petits pavés d'écurie ou de trottoirs, de 0m 15 à 0m 17 de queue sur 0m 12 à 0m 16 de tête (48 à 52 pavés par mètre superficiel) : Le mille est estimé, cent francs.	100 00
1230.	*Mêmes pavés* en granit : Le mille est estimé, cent vingt francs.	120 00
1231.	*Mêmes pavés* en grès du cap Fréhel ou des carrières porphyriques : Le mille est estimé, deux cents francs.	200 00
	ARTICLE 2. — *Prix des ouvrages.*	
1232.	*Chaussée* en pavés de grès, d'échantillon du no 1217 : Le mètre superficiel est estimé, treize francs soixante centimes.	13 60

DÉTAIL :

20 pavés d'échantillon à 600f : prix du no 1217.	12f 00
0m 25 de sable à 4f 00 ; prix du no 1247	1 00
Régalage et façon de la forme, les déblais étant payés à l'article terrassements.	0 05
Façon de pavage.	0 40
Battage du pavé, répandange du sable et faux frais.	0 15
Total.	13f 60

NUMÉROS des PRIX.	DÉSIGNATION DES OUVRAGES.		PRIX de L'UNITÉ.
1233.	*Chaussée* en pavés de granit dur, d'échantillon du n° 1218 : Le mètre superficiel est estimé, quatorze francs soixante centimes.		14f 60
	DÉTAIL :		
	Fourniture de sable, façon de la forme et du pavage, dressage et tous faux frais comme au n° 1232	1f 60	
	Fourniture de 20 pavés du n° 1218 à 6f 50	13 00	
	Total.	14f 60	
1234.	*Chaussée* en pavés de grès d'échantillon du n° 1219 : Le mètre superficiel est estimé, quinze francs soixante centimes		15 60
	DÉTAIL :		
	Fourniture de sable, façon de la forme et du pavage, dressage et tous faux frais comme au n° 1232	1f 60	
	Fourniture de 20 pavés du n° 1219 à 700f 00	14 00	
	Total.	15f 60	
1235.	*Chaussée* en pavés de grès de Sargé, Coulaines, Rouessé-Vassé, Sainte-Suzanne, Le Perpre, Sacé, La Gressière et Saint-Germain, dit de deuxième classe, du n° 1220 : Le mètre superficiel est estimé, douze francs quatre-vingt cinq centimes.		12 85
	DÉTAIL :		
	Fourniture de sable, façon de la forme et du pavage, dressage et tous faux frais, comme au n° 1232	1f 60	
	Fourniture de 25 pavés du n° 1220 à 450f 00	11 25	
	Total.	12f 85	
1236.	*Chaussée en pavés* de granit dur, dit de deuxième classe, du n° 1221 : Le mètre superficiel est estimé, treize francs soixante centimes.		13 60
	DÉTAIL :		
	Fourniture de sable, façon du pavage et de la forme, dressage et tous faux frais compris, comme au n° 1232.	1f 60	
	25 pavés du n° 1221 à 480f 00	12 00	
	Total.	13f 60	

NUMÉROS des PRIX.	DÉSIGNATION DES OUVRAGES.		PRIX de L'UNITÉ.
1237.	*Chaussée* en pavés de grès du n° 1222 :		
	Le mètre superficiel est estimé, quinze francs dix centimes.		15f 10
	DÉTAIL :		
	Fourniture de sable, façon de la forme et du pavage, et tous faux frais compris, comme au n° 1232.	1f 60	
	25 pavés du n° 1222 à 540f 00.	13 50	
	Total.	15f 10	
1238.	*Chaussée* en pavés de grès du n° 1223 :		
	Le mètre superficiel est estimé, neuf francs quarante-trois centimes.		9 43
	DÉTAIL :		
	Fourniture de sable, façon de la forme et du pavage, et tous faux frais compris, comme au n° 1232.	1f 60	
	29 pavés du n° 1223 à 270f 00.	7 83	
	Total.	9f 43	
1239.	*Chaussée* en pavés de granit du n° 1224 :		
	Le mètre superficiel est estimé, dix francs trente centimes		10 30
	DÉTAIL :		
	Fourniture de sable, façon de la forme et du pavage, et tous faux frais compris, comme au n° 1232.	1f 60	
	29 pavés du n° 1224 à 300f 00.	8 70	
	Total.	10 30	
1240.	*Chaussée* en pavés de grès du cap Frehel, ou porphyriques, du n° 1225 :		
	Le mètre superficiel est estimé, quatorze francs soixante-cinq centimes.		14 65
	DÉTAIL :		
	Fourniture de sable, façon de la forme et du pavage, et tous faux frais compris, comme au n° 1232.	1f 60	
	Fourniture de 29 pavés à 450f 00, n° 1225.	13 05	
	Total.	14f 65	

NUMÉROS des PRIX.	DÉSIGNATION DES OUVRAGES.		PRIX de L'UNITÉ.
1241.	*Chaussée* en pavés de grès ordinaire, dur, du n° 1226 : Le mètre superficiel est estimé, huit francs vingt centimes.		8f 20
	DÉTAIL :		
	Fourniture de sable, 0m 20 de sable à 4f 00, n° 1247.	0f 80	
	Régalage de la forme.	0 05	
	Façon du pavage.	0 40	
	Battage du pavé et répandage du sable.	0 15	
	Fourniture de 34 pavés à 200f 00, prix du n° 1226.	6 80	
	Total.	8f 20	
1242.	*Chaussée* en pierres de granit, du n° 1227 : Le mètre superficiel est estimé, neuf francs vingt-deux centimes.		9 22
	DÉTAIL :		
	Fourniture de sable, façon de la forme et du pavage, et tous faux frais compris, comme au n° 1241.	1f 40	
	Fourniture de 34 pavés à 230f 00, n° 1227.	7 82	
	Total.	9f 22	
1243.	*Chaussée* en pavés de grès, du cap Frehel ou des carrières porphyriques, du n° 1228, treize francs trente centimes.		13 30
	DÉTAIL :		
	Fourniture de sable, façon de la forme et du pavage, et tous faux frais compris, comme au n° 1241.	1f 40	
	Fourniture de 34 pavés à 350f 00, n° 1228.	11 90	
	Total.	13f 30	
1244.	*Chaussée* en pavés de grès ordinaire dur, du n° 1229 : Le mètre superficiel est estimé, six francs quarante centimes.		6 40
	DÉTAIL :		
	Fourniture de sable, façon de la forme et du pavage, et tous faux frais compris, comme au n° 1241.	1f 40	
	Fourniture de 50 pavés à 100f 00, n° 1229.	5 00	
	Total.	6f 40	

NUMÉROS des PRIX.	DÉSIGNATION DES OUVRAGES.	PRIX de L'UNITÉ.
1245.	*Chaussée* en pavés de granit dur, du n° 1230 : Le mètre superficiel est estimé, sept francs quarante centimes.	7f 40
	DÉTAIL : Fourniture de sable, façon de la forme et du pavage, et tous faux frais compris, comme au n° 1241. . . . 1f 40 Fourniture de 50 pavés à 120f 00, n° 1230. . . . 6 00 Total. . . . 7f 40	
1246.	*Chaussée* en pavés de grès du cap Frehel ou des carrières porphyriques, du n° 1231 : Le mètre superficiel est estimé, onze francs quarante centimes.	11 40
	DÉTAIL : Fourniture de sable, façon de la forme et du pavage, tous faux frais compris, comme au n° 1241. . . . 1f 40 Fourniture de 50 pavés à 200f 00, n° 1231. . . . 10 00 Total. . . . 11f 40	
1247.	*Sable pour pavage*, sable provenant des sablières voisines de la ligne ou de rivière : Le mètre cube, rendu à pied d'œuvre, est estimé, quatre francs.	4 00
	NOTA. Quelle que soit la distance des sablières, le mètre cube de sable pour pavage avec fourniture de pavés restera invariable. Sans fourniture de pavés et pour les réparations, le prix du sable sera payé suivant les prix de localités et suivant la série.	Observation.
1248.	*Bordures droites* de trottoirs, en granit de 0m 30 à 0m 35 de largeur sur 0m 25 à 0m 30 de hauteur, proprement taillées en parements vus, posées sur assises de maçonnerie de moellon et mortier de chaux hydraulique : Le mètre linéaire est estimé, tout compris, pose, taille, maçonnerie de moellon et ragréement, huit francs.	8 00
1249.	*Bordures circulaires* de trottoirs, comme les précédentes : Le mètre linéaire est estimé, douze francs cinquante centimes.	12 50
	§ 2. OUVRAGES DE PAVAGES EN MATÉRIAUX VIEUX.	
1250.	*Dépose* de pavage, pour relevés à bout ou travaux neufs, avec transport dans un rayon de 10m 00 : Le mètre superficiel est estimé, dix centimes.	0 10
1251.	*Démolition de pavage*, dépose de pavage, chargement en tombereau, transport dans un rayon de 100m 00 et rangement : Le mètre superficiel est estimé, trente centimes.	0 30

NUMÉROS des PRIX.	DÉSIGNATION DES OUVRAGES.	PRIX de L'UNITÉ.
1252.	*Pavage en vieux pavés* en remaniement de chaussées ou relevés à bout, la fourniture de sable payée à part : Le mètre superficiel sera payé, quarante centimes	0f 40

DÉTAIL :

Dépose des vieux pavés, n° 1250	0 10
Préparation de la forme	0 05
Façon du pavage et repinçage en vieux pavés	0 20
Battage du pavé, répandage de sable et faux frais	0 05
Total	0f 40

NUMÉROS des PRIX.	DÉSIGNATION DES OUVRAGES.	PRIX de L'UNITÉ.
1253.	*Plus-value* par mètre superficiel de pavage entre les rails d'une même voie : Le mètre superficiel est estimé, dix centimes	0 10
	NOTA. Le sable employé dans les remaniements de chaussées pavées ou relevées à bout de vieux pavés, sera mesuré avant l'emploi et payé au prix du sable de maçonnerie ou de pavage, suivant sa nature.	

§ 3. CHAUSSÉES D'EMPIERREMENTS EN MATÉRIAUX NEUFS.

NUMÉROS des PRIX.	DÉSIGNATION DES OUVRAGES.	PRIX de L'UNITÉ.
1254.	*Cailloutis*, cassé à 0m 06, pour l'entretien des chaussées d'empierrements des gares de : *Domfront, Conlie et Sillé-le-Guillaume*. Cailloutis provenant des carrières de Sillé, grès ou calcaire, marbre : Le mètre cube déposé à Sillé, quatre francs	4 00
1255.	*Gare de Voutré*. Cailloutis de Voutré, grès ordinaire, employé pour l'entretien des routes : Le mètre cube rendu à la gare est estimé, cinq francs	5 00
1256.	*Même gare*, gravier, porphyre, ou débris de cassage, pour l'entretien des quais à voyageurs et à marchandises, quatre francs	4 00
1257.	*Même gare*. Cailloutis porphyrique de Voutré, employé à l'entretien des empierrements de Paris : Le mètre cube rendu à la gare est estimé, sept francs	7 00
1258.	*Rouessé-Vassé, Evron, Montsurs, Louverné, Saint-Pierre-la-Cour*. Cailloutis provenant des débris des carrières de marbre, des fours à chaux : Le mètre cube est estimé, deux francs quatre-vingts centimes	2 80
1259.	*Port-Brillet*. Cailloutis de grès : Le mètre cube rendu en gare à Port-Brillet est estimé, quatre francs	4 00
1260.	*Laval*. Cailloutis cassé à 0m 06 de grosseur, grès siliceux de Chatigné, commune de Montflours, à 15 kilomètres de Laval : Le mètre cube rendu à la gare est estimé, six francs cinquante centimes	6 50

NUMÉROS des PRIX.	DÉSIGNATION DES OUVRAGES.	PRIX de L'UNITÉ.
1261.	*Même gare.* Cailloutis cassé à 0m 06 de grosseur. Grès de Belle-Poule, commune de Changé, à cinq kilomètres de Laval : Le mètre cube rendu à la gare, est estimé six francs.	6f 00
1262.	*Même gare.* Cailloutis de Changé, à 3 kilomètres 500 de Laval : Le mètre cube rendu à la gare, est estimé, quatre francs cinquante centimes.	4 50
1263.	*Même gare.* Cailloutis siliceux provenant des sablières : Le mètre cube est estimé, quatre francs.	4 00
1264.	*Gare de Vitré.* Cailloutis en grès de La Ferrière, de La Graissière, ou de Bois-Blin : Le mètre cube est estimé, six francs quatre-vingts centimes.	6 80
1265.	*Châteaubourg et Serron.* Cailloutis en grès de la Bouëxière et de Marpiré : Le mètre cube est estimé, neuf francs.	9 00
1266.	*Même gare.* Schiste porphyrique de Châteaubourg : Le mètre cube est estimé, quatre francs.	4 00
1267.	*Gare de Rennes.* Cailloutis de Malroche, cassé à 0m 06 : Le mètre cube est estimé, sept francs cinquante centimes.	7 50
1268.	*Cailloutis* siliceux provenant des sablières : Le mètre cube est estimé, quatre francs.	4 00
1269.	*Gros gravier* siliceux ou des mines de Pompéan, dit n° 4, pour l'entretien des trottoirs : Le mètre cube est estimé, quatre francs cinquante centimes.	4 50
1270.	*Façon de chaussée* en cailloutis, sur 0m 20 d'épaisseur : Le mètre superficiel est estimé, dix centimes.	0 10

DÉTAIL :

Dressement de la forme et des accotements, le cube de la pierre devant toujours être constaté et reçu avant l'emploi. Il n'est tenu compte que du chargement et du transport de la pierre à la brouette, dans un rayon de 30 mètres, pour 0m 20 cubes de pierre à 0f 50	0f 05
Répandage au râteau.	0 03
Dressement de la forme avant l'emploi.	0 02
Total.	0f 10

1271.	*Chaussée en cailloutis* de plus de 0m 20 d'épaisseur. L'emploi du cailloutis est estimé, au mètre cube, avec transport à la brouette dans un rayon de trente mètres : Le mètre superficiel est estimé, cinquante centimes	0 50

NUMÉROS des PRIX.	DÉSIGNATION DES OUVRAGES.	PRIX de L'UNITÉ.
	§ 4. CHAUSSÉES D'EMPIERREMENT EN MATÉRIAUX VIEUX.	
1272.	L'emploi du schiste brut, provenant des terrassements (n° 17), pour première couche d'empierrement, est estimé au mètre superficiel à raison de 0m 20 d'épaisseur, pour le cassage des gros blocs et le règlement de la surface, vingt centimes.	0f 20
1273.	L'emploi du schiste dur provenant des terrassements (n° 17), et le cassage des gros blocs, à 0m 07 pour couche supérieure d'empierrement, est estimé au mètre superficiel à raison de 0m 20 d'épaisseur : Le mètre superficiel, trente centimes.	0 30
1274.	*L'emploi du calcaire*, de moellon, de marbre, provenant des terrassements (n° 18), pour première couche d'empierrement, est estimé au mètre superficiel à raison de 0m 20 d'épaisseur, pour le cassage des gros blocs et le règlement de la surface, trente-cinq centimes.	0 35
1275.	*L'emploi du calcaire* de roche de marbre, provenant des terrassements (n° 18), et le cassage de gros blocs à 0m 07 pour couche supérieure d'empierrement, est estimé à raison de 0m 20 d'épaisseur : Le mètre superficiel, quarante centimes.	0 40

CHAPITRE XV.

BITUMAGE, DALLAGE ET REVÊTEMENTS EN ARDOISES, POUR CABINETS D'AISANCE.

Article premier. — *Prix élémentaires.*

JOURNÉES.

1276.	*Applicateur* de bitume ou tailleur d'ardoises, trois francs cinquante centimes.	3 50
1277.	*Chauffeur*, deux francs cinquante centimes.	2 50
1278.	*Aide-terrassier*, deux francs vingt-cinq centimes.	2 25

Article 2. — *Prix des ouvrages.*

§ 1er. OUVRAGES EN MATÉRIAUX NEUFS

1279.	*Dallage* en asphalte, de 0m 012 d'épaisseur, comprenant l'emploi de 18 à 19 kilogrammes d'asphalte avec bitume et de 8 kilogrammes de gravier par mètre, sur forme de béton de 0m 10 d'épaisseur, recouverte d'une couche de mortier hydraulique de 0m 01 d'épaisseur : Le mètre superficiel est estimé, cinq francs quatre-vingts centimes.	5 80

DÉTAIL :

0m 10 de béton à 15f 80 (n° 64).	1f 58
Enduits de 0m 01 d'épaisseur, en mortier de chaux hydraulique et sable (n° 127).	0 50
Fourniture et emploi de l'asphalte.	3 72
Total.	5f 80

NUMÉROS des PRIX	DÉSIGNATION DES OUVRAGES.	PRIX de L'UNITÉ.
1280.	*Même dallage* en asphalte, de 0m 015 d'épaisseur, comprenant l'emploi de 23 à 24 kilogrammes d'asphalte avec bitume, et de 8 à 10 kilogrammes de gravier par mètre, prix simple 4f 22 : Le mètre superficiel est estimé, y compris la couche de béton, six francs trente centimes. . .	6f 30
1281.	*Même dallage* en asphalte, de 0m 02 d'épaisseur, comprenant l'emploi de 29 à 30 kilogrammes d'asphalte avec bitume, et de 10 à 12 kilogrammes de gravier par mètre, prix simple 5f 22 : Le mètre superficiel est estimé, sept francs trente centimes	7 30
1282.	*Même dallage* employé en réparations par petites parties : Le mètre superficiel sera augmenté de cinquante centimes	0 50
	Remaniage de bitume ou réemploi du vieux bitume, sans fourniture de béton, ni enduit, mais compris démolition : Le mètre superficiel est estimé, savoir :	
1283.	*En bitume*, de 0m 015 d'épaisseur, deux francs vingt-cinq centimes.	2 25
1284.	*Id.* de 0m 020 d'épaisseur, deux francs soixante-quinze centimes.	2 75
1285.	*Id.* par petites parties en réparation : Le mètre superficiel sera augmenté de soixante-dix centimes.	0 70
1286.	*Démolition* de bitume, y compris le béton, avec transport de matériaux à 90m 00 et rangement : Le mètre superficiel est estimé, vingt centimes.	0 20
1287.	*Dallage* en ardoises, de 0m 08 d'épaisseur, refouillées pour former ruisseaux, toutes fournitures, main-d'œuvre et pose d'agrafes comprises : Le mètre superficiel est estimé, quinze francs.	15 00
1288.	*Dallage* en ardoises, de 0m 02 d'épaisseur pour revêtement des murs ou cloisons et porte-stalles d'urinoirs, toutes fournitures, main-d'œuvre et pose d'agrafes comprises : Le mètre superficiel est estimé, douze francs.	12 00
1289.	*Dallage* en ardoises de Riadan, de 0m 05 à 0m 07 d'épaisseur, pour trottoirs, posé sur forme de mortier, de 0m 05 d'épaisseur : Le mètre superficiel est estimé, sept francs.	7 00
1290.	*Dallage* en granit dur, de 0m 08 à 0m 12 d'épaisseur, posé sur forme de mortier, pour trottoirs : Le mètre superficiel est estimé, treize francs.	13 00
1291.	*Incrustements* de dalles de stalles, dans les dalles des ruisseaux et dans celles des revêtements : Le mètre linéaire est estimé, un franc.	1 00
1292.	*Arrondissements* d'arêtes de dalles, formant stalles de séparation des urinoirs : Le mètre linéaire est estimé, soixante-dix centimes.	0 70
1293.	*Percements* de trous dans l'ardoise de 0m 08 d'épaisseur : Chaque percement de trou est estimé, quatre-vingts centimes.	0 80
1294.	*Joints* en ciment romain pur : Le mètre linéaire est estimé, vingt centimes.	0 20
1295.	*Jointoiements* en ciment romain, sur murs en moellon ou en briques, y compris dégradage des joints : Le mètre superficiel est estimé, un franc.	1 00

NUMÉROS des PRIX.	DÉSIGNATION DES OUVRAGES.	PRIX de L'UNITÉ.
1296.	*Crapaudine* en cuivre pour urinoirs, y compris la pose et le scellement : Chaque crapaudine est estimée, trois francs.	3f 00
1297.	*Aire en salpêtre* ou en débris de chaux hydraulique, de 0m 08 d'épaisseur, pilonné : Le mètre superficiel est estimé, deux francs.	2 00

DÉTAIL :

0m 13 de salpêtre à 10f 00	1f 30
Déblais de la forme, transport du déblai à 90m 00 et dressement du fond de ladite forme.	0 15
Emploi, pilonnage et arrosage du salpêtre, deux heures de garçon et deux heures de pilonneur.	0 55
Total.	2f 00

1298.	*Aire* en ciment de Portland, composé avec mortier et sable lavé, de 0m 05 d'épaisseur : Le mètre superficiel est estimé, cinq francs quatre-vingt-dix centimes.	5 90
1299.	*Refouillement*, percement et dressage de dalles d'ardoises pour sièges de lieux d'aisance : Le mètre superficiel d'abattage est estimé, quinze francs.	15 00

§ 2. OUVRAGES EN MATÉRIAUX VIEUX.

1300.	*Dépose* d'un compartiment d'urinoirs en ardoise et rangement des matériaux : La pièce est estimée, cinq francs.	5 00
1301.	*Repose* d'un compartiment d'urinoirs en ardoises, avec ses accessoires : La pièce est estimée, cinq francs	5 00

CHAPITRE XVI.

BALLAST POUR ÉTABLISSEMENTS DE VOIES DE GARAGE.

	Ballast pour voies de garage dans les gares : Le mètre cube est estimé, savoir :	
1302.	En débris cassés de fours à chaux ou débris de carrière, pris dans un rayon de 500 mètres, non compris emploi, deux francs.	2 00
1303.	En débris cassés de fours à chaux ou débris de carrière, pris dans un rayon de 500 mètres, compris emploi, deux francs cinquante centimes.	2 50

NUMÉROS des PRIX	DÉSIGNATION DES OUVRAGES.	PRIX de L'UNITÉ.
1504.	*En sable* d'alluvion et de carrières, ou autres matériaux non sujets au cassage, pris dans un rayon de 3000 mètres, non compris emploi, quatre francs.	4f 00
1505.	*En sable* d'alluvion et de carrières, ou autres matériaux non sujets au cassage, pris dans un rayon de 3000 mètres, compris emploi, quatre francs cinquante centimes.	4 50
1506.	*En cailloutis trié* et cassé à 0m 06 de grosseur, silex, schiste dur ou grès, non compris emploi, trois francs.	3 00
1507.	*En cailloutis trié* et cassé à 0m 06 de grosseur, silex, schiste dur ou grès, compris emploi, trois francs cinquante centimes.	3 50
1508.	*En calcaire* cassé, provenant des roches de marbre ou de roches siliceuses, prises dans un rayon de 2000 mètres, non compris emploi, trois francs cinquante centimes.	3 50
1509.	*En calcaire* cassé, provenant des roches de marbre ou de roches siliceuses, prises dans un rayon de 2000 mètres, compris emploi, quatre francs.	4 00
1510.	*En cailloutis* choisi et cassé, provenant des *rochers de schiste ou grès* tendre des déblais de l'entreprise, non compris emploi, un franc soixante-dix centimes.	1 70
1511.	*En cailloutis* choisi et cassé, provenant des rochers de schiste ou grès tendre des déblais de l'entreprise, compris emploi, deux francs vingt centimes	2 20
1512.	*En cailloutis* choisi et cassé, provenant de rochers de marbre, ou grès des déblais de l'entreprise, non compris emploi, deux francs soixante-dix centimes.	2 70
1513.	*En cailloutis* choisi et cassé, provenant de rochers de marbre, ou grès des déblais de l'entreprise, compris emploi, trois francs vingt centimes.	3 20
1514.	*En calcaire* cassé, provenant des rochers de marbre exploités par les chaufourniers, ou de roches siliceuses, dans un rayon de 1000 mètres, trois francs.	3 00
1515.	*En calcaire* cassé, provenant des rochers de marbre exploités par les chaufourniers, ou de roches siliceuses, dans un rayon de 1000 mètres, compris emploi dans les voies de garage, trois francs cinquante centimes.	3 50

Dressé par le Chef de la 3e division.

Rennes, le 1er janvier 1861.

MOUTON.

Vu et vérifié,

L'Ingénieur des Ponts-et-Chaussées,

Chef du service de l'Entretien et de la Surveillance.

E. CLERC.

www.ingramcontent.com/pod-product-compliance
Lightning Source LLC
Chambersburg PA
CBHW051541050726
47595CB00002B/590

9782013041300